# 그래서 고등학교를 어디로 가야 할까요

## 일러두기

· 책의 사례에서 개인 정보와 관련된 부분은 변경하거나 삭제했으며 모든 이름은 가명입니다.
· 출처가 따로 표시되지 않은 정보는 교육부 배포 자료를 인용했습니다.

# 그래서 고등학교를 어디로 가야 할까요

: 중등 3년과 대입을 함께 잡아줄 가장 확실한 준비

**초판 발행** 2024년 8월 7일

**지은이** 정고은 / **펴낸이** 김태헌
**총괄** 임규근 / **팀장** 권형숙 / **책임편집** 김희정 / **교정교열** 박정수 / **디자인** 디박스
**영업** 문윤식, 신희용, 조유미 / **마케팅** 신우섭, 손희정, 박수미, 송수현 / **제작** 박성우, 김정우

**펴낸곳** 한빛라이프 / **주소** 서울시 서대문구 연희로 2길 62
**전화** 02-336-7129 / **팩스** 02-325-6300
**등록** 2013년 11월 14일 제 25100-2017-000059호 / **ISBN** 979-11-93080-35-1 03590

한빛라이프는 한빛미디어(주)의 실용 브랜드로 우리의 일상을 환히 비추는 책을 펴냅니다.

이 책에 대한 의견이나 오탈자 및 잘못된 내용에 대한 수정 정보는 한빛미디어(주)의 홈페이지나 아래 이메일로
알려주십시오. 파본은 구매처에서 교환하실 수 있습니다. 책값은 뒤표지에 표시되어 있습니다.

한빛미디어 홈페이지 www.hanbit.co.kr / 이메일 ask_life@hanbit.co.kr
네이버 포스트 post.naver.com/hanbitstory / 인스타그램 @hanbit.pub

지금 하지 않으면 할 수 없는 일이 있습니다.
책으로 펴내고 싶은 아이디어나 원고를 메일(writer@hanb.co.kr)로 보내주세요.
한빛미디어(주)는 여러분의 소중한 경험과 지식을 기다리고 있습니다.

# 그래서 고등학교를

중등 3년과 대입을 함께 잡아줄
가장 확실한 준비

# 어디로

정고은 지음

# 가야 할까요

НВ 한빛라이프

# 준비는 빠르게, 카드는 다양하게,
# 선택은 마지막에

여러 상황을 고려하여 자사고 또는 특목고로 고등학교를 결정했다는 아이나 부모에게 꼭 말하는 게 있다. 학교 선택지를 다양하게 고려하라는 것이다. 결정을 굳힌 아이나 부모에게 굳이 이런 말을 하는 이유가 있다. 특목고(특수목적 고등학교)에는 과학고와 외고·국제고 등이 있고, 자사고도 크게 전사고(전국 단위 자립형 사립 고등학교)와 광사고(광역 단위 자립형 사립 고등학교)로 나뉜다. 일반고(일반계 고등학교)도 교육 특구의 일반고, 비평준화 일반고, 평준화 일반고, 중점학교 등이 있다. 이처럼 고등학교 종류가 매우 다양한 데다 아이의 상황은 중학교 생활을 하면서 언제든 바뀔 수 있어서다. 고등학교 선택은 중3 때 해도 늦지 않다.

아이의 성적, 과목 적성, 교과 학습 정도, 성격, 건강 상태는 물론이고 교육정책이나 지원 학교의 방향이 바뀔 수도 있다. 더욱이 중학생 시기는 신체적으로나 정서적으로 큰 변화를 겪는 시기다. 이렇게 변수가 많은 시기에 아이와 부모가 한 학교만 고집하면 변화에 적절히 대처하기 어렵다. 결국, 가장 좋은 고등학교는 아이가 가고 싶어 하는 대학교에 더 수월하게 갈 수 있도록 돕는 곳이라야 한다. 따라서 우리가 해야 할 일은 마지막 결정의 순간에 아이에게 가장 잘 맞는 고등학교를 고를 수 있도록 토대를 마련하는 일이다.

여전히 중3이 많지만, 요즘은 초등학교 고학년생도 고입 컨설팅을 받으러 나를 찾아온다. 이럴 때 나는 일단 전사고를 목표로 삼되, 결정은 중3 때 하라고 조언한다. 전사고를 목표로 삼고 달리는 아이는 마지막 결정의 순간에 어디를 선택해도 크게 문제되지 않아서다. 전사고로 준비하다 3학년 1학기에 과학고로 방향을 틀어도 어렵지 않고, 2학기에 외고·국제고나 광역권 자사고 또는 일반고로 방향을 틀어도 상관없다. 하지만 그 반대라면 이야기가 달라진다.

과학고나 외고를 목표로 삼고 달리는 아이 중에는 수·과학이나 영어를 제외한 나머지 과목에서 구멍이 생기는 경우를 자주 본다. 일반고를 고려하는 아이 중에는 내신이나 생기부(학교생활기록부)를 덜 챙기는 경우를 자주 본다. 두 경우 모두 상황이나 마음이 바뀌어도 다른 선택지가 없다.

그래도 한 곳을 확실히 정하고 가는 게 효율적이지 않느냐고 물을 수 있다. 전사고를 준비하는 과정에 쏟는 시간이나 노력이 아깝기 때문이다. 하지만 그 시간과 노력은 절대 헛되지 않다. 설사 일반고를 가더라도 마찬가지다. 전사고 입학시험(입시)은 내신, 생기부, 선행·심화를 모두 챙겨야 합격할 수 있는 구조인데, 이 세 가지를 챙기는 습관은 어느 고등학교에 가더라도 빛을 발한다.

고등학교에서는 내신, 생기부, 모의고사(수능)를 모두 잘 챙겨야 한다. 치열한 내신 경쟁 속에서 세 가지를 모두 챙기기란 쉬운 일이 아니다. 예전처럼 내신이나 수능에 올인할 수도 없다. 2028학년도 대학 입시부터는 교과전형에서도 생기부와 수능을, 학생부 종합전형에서도 내신과 수능을, 정시에서도 내신과 생기부를 반영하는 학교가 늘어나기 때문이다. 중학교 때 자사고 입시를 준비하는 아이들은 이미 내신, 생기부, 선행·심화를 챙기는 습관이 몸에 밴 아이들이다. 습관이 몸에 익은 아이와 입학하고 나서 습관을 익혀야 하는 아이 중 누가 앞서나갈지는 말할 필요가 없다.

자소서(자기소개서)나 면접 준비 과정도 마찬가지다. 자소서와 면접은 글쓰기와 말하기 과정이 아니라, 자신의 학습 경험을 돌아보며 객관화하는 과정이다. 써야 비로소 보이는 것들이 있다. 그제야 학습 과정에서 어느 부분을 강화해야 하고, 어느 부분을 보완해야 할지가 보인다. 이 과정을 통해 앞으로 어떤 식으로 공부를 이어나가고 깊게 파고들어야 할지 감을 잡기도 한다. 이 과정을 거친 아이는 고등학교에 가서도 자신의 공부를 어떻게 발전시켜 나갈지 수월하게 찾는다. 당연히 과목도 더 잘 선택하고, 진로를 더 빨리 찾아 탐구·발전시켜 나간다. 자연스럽게 생기부도 잘 채워질 수밖에 없다.

아이가 처한 상황은 언제든 바뀐다. 정해진 시간에 오직 한 곳만 갈 수 있는 카드와 언제 어디든 갈 수 있는 카드가 있다면 무엇을 선택할 것인가? 당연히 후자다. 게다가 만능 카드를 얻기 위해 애쓴 과정은 종착지로 가는 데도 큰 역할을 한다. 앞서 말했듯, 자사고를 준비하는 과정이 대학 입학시험(대입)의 예행 연습과 같기 때문이다. 이왕이면 일찍 준비하고, 목표를 자사고로 두되 최종 결정은 마지막에 가서 하라고 권하는 이유다. 나를 찾아온 아이 중에는 중간에 마음이 바뀌어 처음 선택한 학교와 다른 학교를 최종 선택한 경우가 수없이 많다. 몇 가지 사례를 보자.

A는 중3 5월부터 하나고 입시를 준비했다. 보통 여름은 되어야 준비하는데 이 아이는 봄부터 준비할 만큼 하나고에 들어가겠다는 의지가 강했다(보통 자사·특목고 대비반 수업은 7월에 시작하여 12월에 마무리된다). A는 해외에서 1년 정도 생활하다가 들어와서 영어로 소통하는 게 능숙했고, 다른 아이들이 쓸 수 없는 다양한 해외 경험을 자소서에 녹여낼 수 있어 하나고에 순탄하게 갈 거라 여겼는데 3학년 2학기 기말고사에서 문제가 생겼다. 수학 최종 성적으로 B를 받은 것이다. 초등학생 때부터 오직 하나고만 바라보며 달려왔던 아이라 마음을 쉽게 추스르지 못했고 수업 시간에도 통 집중하지 못했다.

당장 대안을 찾아야 했다. 자사·특목고 원서 접수일이 한 달도 채 남지 않았기 때문이다. 수·과학에 강한 편은 아니라 광역 자사고나 과학 중점학교보다 외고·국제고나 일반고가 낫다고 판단했다. 해외 경험이 풍부하고 영어에 강점이 있는 아이이므로 일반고보다는 외고에서 더 잘할 거라 여겼다. 외고 입시 준비를 서둘러 시작했다. 하지만 아이는 외고에 마음을 붙이지 못하고 하나고 입시를 준비할 때만큼 전력을 쏟지 못했다. 안타깝지만 쓴소리가 필요할 때였다.

"네가 어디에 가서 잘할지는 뚜껑을 열어보기 전까지 아무도 몰라. 하지만 너는 이미 하나고 (원서)를 못 써서 ○○외고를 쓴다고 생각하고 있어. ○○외고를 쓰고 싶지 않은데 밀려서 쓴다는 마음이면 곤란해. 나는 네가 하나고보다 ○○외고를 갔을 때 더 잘할 수 있다고 믿어서 준비하자고 한 거야. 우리는 차선이 아니라 똑똑한 선택을 한 거라고."

그때부터였다. A의 눈빛이 달라졌고, 다시 집중했고, 결국 ○○외고에 합격했다. 고등학교 입학을 앞두고 A가 찾아와 내게 편지를 건넸다. 편지에는 "2학기 기말고사 끝나고 가장 힘들고 혼란스럽던 시기에 선생님이 해준 말 덕분에 정신을 차릴 수 있었어요."라는 글이 담겨 있었다.


대입을 준비할 때와 마찬가지로 고등학교 입시(고입)를 준비할 때도 목표를 하나로 정하고 가야 한다. 목표가 있어야 동기부여가 되고 힘든 일도 버텨낼 수 있다. 이때 특정 학교를 목표로 삼은 경우, 왜 그 학교를 목표로 삼았는지 잊지 말아야 한다. 그 학교가 만족할 수 있는 고교 생활을 할 수 있도록 도와줄 것이며, 결과적으로 성공적인 대입으로 이끌어줄 거라 믿기 때문에 선택했을 것이다. 만족스러운 고교 생활과 성공적인 대입이라는 선물은 특정 학교만 가져다주는 선물이 아니다. 목표를 세우고 움직이되 최종 순간에는 목적(이유, 방향성)에 부합하는 학교를 선택하라는 말이다.

B는 처음부터 ○○외고에 가겠다고 했다. B의 형도 나와 함께 ○○외고 입시를 준비해 합격했고, 고교 생활에 만족하며 다니고 있어서인지 부모도 아이도 당연한 듯 ○○외고 입시를 준비했다. 그러던 아이가 9월쯤 고민이 있다며 찾아왔다. 사실은 계속 외대부고에 가고 싶었지만, 확신이 없었다고 했다. 형이 ○○외고에 다니고 있어서 ○○외고로 가면 시행착오 없이 학교생활을 할 수 있을 듯해 마음을 다잡았는데, 시간이 흘러도 외대부고로 향하는 마음이 사그라지지 않는다고 했다. 원서조차 쓰지 않고 외대부고를 포기하면 후회할 것 같다고 했다.

이미 중3 9월인 데다 ○○외고에서 외대부고로 학교를 바꾸겠다니 쉽게 그러라고 할 수 없었다. 시간이 얼마 안 남았는데 외대부고 입시 준비 과정은 ○○외고보다 훨씬 복잡하기 때문이다. 그래서 "외대부고에서 떨어질 확률은 ○○외고보다 훨씬 높아. 떨어져도 후회하지 않을 자신 있니?"라고 물었다. B는 감수할 수 있다고 했고 뒤도 돌아보지 않고 방향을 틀었다.

보통 아이였다면 며칠 말렸겠지만, 워낙 자질이 뛰어난 아이라 마음먹고 달리면 가능하겠다 싶었다. 힘든 과정이었지만 결국 B는 외대부고에 합격했고, 즐겁게 학교에 다니고 있다. ○○외고에 갔다면 이 정도로 만족하며 다니지 못했을 것이다. 분명 아이에게 어렵고 힘든 선택이었지만 결과적으로 옳은 선택이었다.


앞서 말했듯이, 전사고 입시를 준비하다가 외고로 방향을 트는 건 수월하다. 하지만 외고에서 전사고로 방향을 바꾸는 건 위험 부담이 크다. 늦게 준비한 만큼 합격 확률이 낮고, 떨어졌을 때 가게 될 일반고에 대한 거부감도 없어야 한다. 외고 입시를 준비할 때보다 과정이나 결과의 완성도가 높아야 하는데, 그걸 단시간에 해내야 한다. 의지만 갖고 덤비기에는 위험이 큰 만큼, 아이의 역량이 충분한지 객관적으로 검증하고, 흔들리지 않고 끝까지 해낼 수 있는지 차분히 들여다보고 결정해야 한다.

가끔, 쇼핑하듯 학교를 탐방하며 고르는 부모와 아이를 만난다. 학교 설명회를 이곳저곳 다니는 건 무조건 추천한다. 하지만 학교 설명회는 역량 높은 아이를 더 많이 모집하기 위한 자리다. 당연히 해당 학교의 강점과 특장점을 부각하는 데 더 많은 시간을 할애한다. 듣다 보면 이 학교는 이래서 좋고, 저 학교는 저래서 좋아 어디를 보내야 할지 행복한 고민에 빠져든다. 하지만 잊지 말아야 할 것이 있다. 정말 좋은 학교는 아이에게 잘 맞는 학교다. 바꿔 말하면 아이가 가서 잘할 수 있는 학교다.

뛰어난 교육 환경과 면학 분위기를 갖춘 학교일수록 아이들 간 경쟁이 치열하다. 이런 학교는 경쟁에서 치고 나갈 수 있는 아이, 밀려나도 툴툴 털어내고 다시 나아갈 수 있는 아이에게는 더없이 좋은 곳이지만, 한없이 뒤처질 아이에게는 결코 좋은 곳일 수 없다. 결국, 고등학교를 고를 때는 언제나 내 아이를 최우선에 두어야 한다. 아이가 정말 가고 싶어 하는 곳인지, 해당 학교에서 요구하는 조건을 아이가 갖췄는지, 입학한 후에도 역량을 충분히 발휘할 수 있을지, 다른 학교보다 내신 경쟁력이 있는지, 다양한 학교 프로그램을 적절히 활용하고 활발히 참여할 수 있을지, 기숙사 생활에 잘 적응할 수 있을지 등을 다방면으로 고려해야 한다.

치열하게 고민한 끝에 일반고를 최종 선택하는 아이와 부모도 꽤 만난다. 당연히 내가 진행하는 자사·특목고 입시 준비반 수업을 듣는 아이 중에도 있다.

C는 자기소개서 이론 강의가 진행되는 4주 차 수업(총 18주 수업으로 7월 부터 12월까지 진행한다)까지는 수월하게 잘 따라온 아이였다. 그러던 아 이가 5주 차 수업부터 급격히 흔들렸다. 따로 불러서 이야기를 들어봐야 했다. 흔들린 이유는 면접이었다.

5주 차부터는 면접 수업이 더해지는데 C는 면접 과정이 낯설다고 했다. 무엇보다 앞으로 나가 면접 질문에 답하는 아이들을 보며 충격을 받았다 고 했다. C는 ○○중학교에서 공부 잘하는 아이로 통했다. 내내 최상위권 에 있으니 그런 평가가 당연했고 C도 나름대로 자부심이 있었다. 그런데 특목고를 준비하는 아이들을 학원에서 대면하며 머릿속이 복잡해졌다. 그 아이들은 성적도 최상위권이지만 자소서 작성이나 면접에도 거침이 없었다. 지금껏 보지 못한 수준 높은 아이가 한둘이 아니라 거의 전부였 다. 처음 겪는 상황에 덜컥 겁이 난다고 했다. 설령 특목고에 합격해도 잘 버틸 수 있을지 걱정이 앞선다고 했다.

C의 경우는 두 갈래로 나뉜다. 아이들도 상황을 객관적으로 바 라보려고 애쓴다. 몇몇 특출난 아이도 분명 있지만, 대개는 자신과 비슷한 수준이라는 걸 알아차린다. 지금껏 잘해왔기에 조금만 열 심히 하면 앞으로 치고 나갈 수 있다고 믿으며 다시금 나아간다. 고 비를 넘어서는 아이다. 하지만 고비를 넘지 못하는 아이도 있다. 혼

자 묵묵히 해나가는 건 자신 있지만, 누군가와 끊임없이 경쟁해야 하는 상황에 노출되는 걸 견디지 못하는 아이도 있다. 괜찮다. 계속 나아가는 게 능사가 아니다. 충분히 고민하고 더 나은 선택지가 있다면 갈아타는 게 나을 때도 있다.

전자와 후자는 그전에 아이가 수업을 어떻게 따라왔는지, 그 태도를 보면 갈린다. 이전까지 수업을 잘 따라오고 적극적으로 참여하며 숙제도 꼼꼼하게 잘해온 아이는 순간순간 위축되기도 하지만, 대개 금방 되살아난다. 이런 아이에게는 지금이 많은 아이가 거치는 고비의 순간이고, 지금의 감정은 일시적일 수 있다고 말해준다. 반대로 이전 수업부터 수동적으로 따라오고 숙제도 겨우 하는 아이라면 일으켜 세우기 어렵다.

자사·특목고 준비반 수업은 영어나 수학 같은 필수 과목 수업이 아니다. 고등학교는 선택지가 많고, 최상위권이라고 해서 자사고나 특목고를 가야 하는 건 아니다. 실제로 일반고를 가는 게 학교생활이나 대학 입시에 더 유리할 수도 있다. 그런데도 자사고나 특목고를 정말 가고 싶어 하는 아이들이 있다. 그 마음을 추진체로 삼아 이 수업은 출발한다. 즉, 자사·특목고에 가고자 하는 마음이 강하지 않거나 없다면 이 수업은 전혀 의미가 없다는 말이다.

중3이 되면 공부 좀 한다는 아이들이 갑자기 너나없이 자사·특목고에 가겠다고 한다. 분위기에 휩쓸려 자사·특목고 준비반 수업에 온 아이가 생각보다 많다. 정말 가고 싶다고 착각하기도 한다. 그 마음의 정체가 고비의 순간에 드러난다. 정말 가고 싶은지 아닌지 알게 되는 순간이다. 이때 나는 아이에게 지금 느끼는 감정을 진지하게 들여다보라고 이야기한다. 지금 당장 왜 힘든지, 합격하더라도 왜 힘들 것 같은지, 그런데도 왜 지금 이 수업을 듣고 있는지, 좋은 곳이라고 하니 그냥 들어보는 것은 아닌지 이쯤에서 진지하게 고민해 보자고 한다. 고민이 정리될 때까지 수업에 오지 않아도 좋다고 말할 때도 있다. 이 과정을 거치면 드디어 아이들의 속마음이 나온다. 그런데도 자사고나 특목고에 가겠다고 하는 아이가 나오고, 그래서 일반고로 가겠다고 하는 아이가 나온다.

아이가 일반고로 결정하면 나는 일반고에 가서 잘할 수 있는 준비를 안내하고 작별 인사를 한다. 이런 과정을 거치고 일반고에 들어간 아이들은 본인의 결정에 크게 후회하지 않는다. 자사고든 특목고든 일반고든 아이 스스로 고민하고 결정하는 과정이 필요하다는 말이다. 그리고 그 결정은 다양한 모습으로 나타난다. 따라서 중학교 시절에는 고등학교에 대해 어떤 편견을 가지기보다 열린 마음으로 다양한 변수를 생각해 놓고 바라보는 게 좋다. 다양한 카드를 가지고 있다가 최종 선택의 순간 자신에게 가장 잘 맞는 카드를 집을 수 있다면 그야말로 성공적인 고입이다.

A, B, C 모두 지금도 연락을 주고받는데, 하나같이 행복한 고교 생활을 하고 있다. 더 많은 아이와 부모가 떠밀리듯 고등학교를 선택하지 않길 바란다. 조금만 들여다보면 내 아이에게 훨씬 더 잘 맞는 고등학교가 보인다. 그 과정에서 조금이나마 도움이 되길 바라는 마음으로 이 책을 썼다. 마음이 닿길 그리고 확신을 얻길 바란다.

2장 ────────────────────

# 내 아이에게 맞는 고등학교 선택 로드맵

## 3장

# 고입 서류부터 면접까지 A to Z

2022 개정 교육과정에 따른 고등학교의 변화는

해방 이후 가장 큰 변화로 일컬어질 만큼 변화 폭이 크다.

여기에 2028 대입 개편까지 맞물리면서

그 변화가 더 크게 와닿는다. 이럴 때일수록

교육 변화를 바르게 인지하고 적응하는 일이 중요한데

그 시작이 바로 고등학교 선택이다.

그래서 고등학교를 어디로 가야 할까요

1장
. . . .

# 고등학교 선택이
# 대학을 결정한다

# 대입을 알면
# 고등학교가 보인다

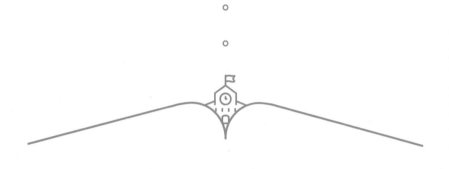

    내게 잘 맞는 고등학교를 선택하려면 가장 먼저 대학 입학시험 (대입)에 대해 알아야 한다. 대입을 알아야 고등학교 생활을 어떻게 해야 할지 보이고, 고등학교 생활을 알아야 내게 잘 맞는 고등학교를 선택할 수 있기 때문이다. 고등학교 입학시험(고입)은 코앞이고 대입은 한참 후의 일이라 멀게 느껴질 수 있지만, 대입을 제대로 파악하고 나면 고입도 훨씬 선명하게 보인다. 지금부터 하나씩 살펴보자.

    대입은 크게 수시 모집과 정시 모집으로 나뉜다. 수시와 정시의 모집 비율은 정책에 따라 바뀔 수 있지만 2024학년도를 기준으로 살펴보면 다음과 같다. 상위 대학은 수시와 정시 모집 비율이 60 대

40이고, 전국 대학은 80 대 20 수준이다(단, 수시에서 일부 인원이 정시로 이월되므로 정시 비율은 40퍼센트보다 조금 더 늘어난다).

| 대입 전형 구분 |

(2024학년도 기준)

| 구분 | 모집 시기와 지원 횟수 | 전형 이름 | 핵심 요소 | 추가 요소 | 상위 15개 대학 비율 | 전국 대학 비율 |
|---|---|---|---|---|---|---|
| 수시 | 수능 전 6회 제한 | 학생부 교과 | 교과 성적 정량 평가 | 수능 최저/ 면접/학생부 | 13% | 45% |
| | | 학생부 종합 | 학생부 정성 평가 | 면접/ 수능 최저 | 36% | 23% |
| | | 논술 | 논술고사 성적 정성 평가 | 수능 최저/ 내신 | 11% | 3% |
| 정시 | 수능 성적 발표 후 3회 | 수능 | 수능 점수 정량 평가 | 학생부/ 내신/면접 | 40% | 20% |

수시는 내신 성적을 포함한 학생부(학교생활기록부, 생기부)나 논술 비중이 높고, 정시는 수능 비중이 높다. 이 때문에 교과 성적(이후 내신)과 생기부 비교과 활동이 우수한 학생을 흔히 '수시파', 모의고사 성적이 높은 학생을 흔히 '정시파'라고 불렀다. 하지만 대학에서는 최상위권 변별력이 약해질 것을 대비하여 2028학년도 대입부터 수시에서는 수능 최저/면접/학생부를, 정시에서는 학생부/내신/면접 등을 강화하거나 추가하는 비율을 더욱 늘리려 한다. 따라서 정시파라고 해서 수능만, 수시파라고 해서 내신과 생기부만 관리하면 곤란하다.

# 수시

수시를 전형별로 자세히 들여다보자. 먼저 학생부 교과 전형(교과)은 교과 성적을 정량 평가하는 것이 핵심이다. 모든 고등학교를 동일 선상에 놓고 내신 등급만으로 평가한다는 의미다. 따라서 내신 1등급을 받기 힘든 자사·특목고보다 일반고가 유리하다. 다만 2025학년도부터는 고교 내신이 5등급제로 바뀌므로 내신 등급만으로 최상위권을 변별하기 어렵다. 따라서 수능 최저를 강화하거나 학생부 정성 평가를 반영할 가능성이 크다(과목별 석차 등급뿐 아니라 원점수/성취도/성취도별 분포 비율에 따른 배점을 달리하거나 계열별 필수·권장 과목 이수 여부와 성취 등급을 반영할 것이라는 의미다).

학생부 종합 전형(학종)은 학생부 교과 성적은 물론 학생부 전반을 평가하는 정성 평가가 핵심이다. 따라서 학업 역량을 보여주는 교과 성적은 물론 진로·탐구 역량을 보여주는 계열별 필수·권장 과목 이수 여부와 성취, 심화·탐구 역량을 보여주는 세부 능력 특기 사항(세특), 학교생활 충실도 등을 모두 갖춰야 한다. 필수·권장 과목이 없는 인문·사회 계열이더라도 계열·전공에 맞는 과목을 이수하고 높은 성취를 받았느냐가 중요해진다.

따라서 학종으로 대학에 들어가겠다면 개설 과목과 학교 프로그램이 다양하고, 진로·심화·탐구 역량이 잘 보이도록 세특을 풍부하게 써줄 수 있는 고등학교에 진학하는 것이 유리하다. 특히 일반고의 교육과정과 차별화된 수업을 받을 수 있고 학업 역량까지 뛰어난 전사고, 외고·국제고, 영재·과학고 학생들에게 매우 유리하다. 반면 2025학년도부터는 학생부에 표준편차가 제공되지 않으므로 개설 과목과 학교 프로그램이 일반고와 비슷한 광역 단위 자사고와 교육 특구의 일반고는 차별화가 어려워 이전만큼 유리하지는 않다.

논술 전형은 논술고사 성적이 핵심이다. 다만 논술고사는 공교육만으로 높은 점수를 받기 힘든 영역인 만큼 교육부에서는 권장하지 않는 전형이다. 그런데도 학업 역량이 높은 학생을 선발하고 싶은 상위권 대학에서는 논술 전형을 부활시키거나 조금씩 늘리는 추세다. 특히 이공계 학과의 논술은 수·과학의 심화 역량을 볼 수 있어 영재학교, 과학고, 자사고 학생들에게 유리하다.

## 정시

정시는 수능 성적을 기반으로 가·나·다 군 한 곳씩 지원할 수 있는 전형이다. 내신 등급보다 모의고사 등급이 높은 학생이 주로 지원한다. 교육부에서는 상위 대학의 정시 비율을 40퍼센트로 권장하므로 이 비율은 당분간 유지될 것이다. 다만 모집 인원이 꽤 많은데도 4년제 대학 입학생 네 명 중 한 명이 N수생이어서 고3 학생이 지원하기엔 여전히 좁은 문이다(한국교육개발원 발표). 특히 서울권 대학에서는 N수생이 정시 합격자의 40퍼센트에 이르고 상위 대학으로 갈수록 이 비율도 가파르게 올라간다. 서울대 정시 합격생 열 명 중 여섯 명이 N수생이고, 의대 정시 합격생 열 명 중 여덟 명이 N수생일 정도다.

이는 상위 대학 정시 합격자 비율이 높은 고등학교일수록 N수생 비율이 높다는 뜻이기도 하다. 고등학교별 입시 실적을 발표할 때 정시 합격생 중 N수생 수를 따로 표기하지 않는 경우가 많으므로 입시 실적을 확인할 때는 이 점도 유념해서 봐야 한다. 더욱이 지금은 상위 대학의 정시 비율을 교육부에서 40퍼센트로 권장하지만 언제든 조정할 여지가 있고, 대학에서도 정시 비율을 낮추고 싶어 하는 상황이다. 정시 합격생일수록 대학 이탈 비율이 높기 때문이다. 당장 2025학년도부터 의대 정원이 1,497명 증원되므로 이탈률은 더욱 가속화될 것으로 예상된다. 이로 인해 대학들의 고심이 깊어지고 있고, 이는 정시 비율을 낮추는 방향으로 이어질 수 있다.

물론 지금으로서는 수시와 정시 비율을 정확히 알 수 없다. 대학별 전형 기본계획은 수능을 볼 아이들이 고1이 되고 나서야 발표되고, 수시와 정시 비율, 계열별 모집 인원과 지원 자격, 수능 반영 비율 같은 세부적인 내용은 아이들이 고2가 되고 나서야 발표되기 때문이다. 게다가 점점 더 많은 대학이 정시에서도 수능만 100퍼센트로 반영해서 뽑지 않고, 학생부 반영 비율을 높이는 추세다.

수시에서 수능 최저를 강화하듯 정시에서 학생부 반영 비율을 높인다는 말은 수시의 정시화, 정시의 수시화를 부르는 대목이다. 중학교 생활을 하는 내내 자사·특목고를 목표로 삼아 달려갔어도 최종 결정은 중3 여름에 하듯, 대입 역시 고등학교 생활을 하는 내내 내신과 수능을 함께 챙기다가 수시 원서를 넣는 순간에 결정해야 한다는 의미다.

이런 상황이지만 정시에서든 수시에서든 수능은 매우 중요한 지표가 될 것이다. 내신에서 최상위 변별력이 약화된 만큼 수능으로 변별을 하려 하기 때문이다. 이 말은 당장 학종과 교과 모두에서 수능 최저가 강화될 예정이라 여전히 수능 준비를 소홀히 할 수 없다는 의미다. 더불어 정시에서 학생부 평가를 강화하더라도 핵심은 수능 점수이므로 정시의 수능 중요도는 더욱 올라간다는 의미다.

이렇듯, 정시에서는 수능이 핵심이다. 그래서 정시 전형에 지원하는 학생들을 보면, 수능에 대비할 만큼 역량 있는 아이들이 많은 자사고, 특목고, 교육 특구의 일반고 학생이 여전히 다수를 차지한다. 물론 내신 5등급제로 바뀌면서 3학년 2학기 때까지 상대평가 과목이 많다 보니 내신 경쟁을 끝까지 해야 하므로 이전만큼 수능을 대비하기가 쉽지 않을 것이다. 그러나 동일 학년이라면 모두 같은 조건이므로 고교별 지원 및 합격 비율은 비슷할 것으로 보인다.

## 수시 vs 정시

그동안 수시는 고3 수험생, 정시는 N수생에게 유리하고, 수시에서도 교과는 일반고, 학종과 논술은 자사·특목고에 유리하다는 생각이 보편적이었다. 그렇다 보니 일반고로 진학해 교과를 노린다거나, 자사·특목고로 진학해 학종을 노린다거나, 재수를 각오하고 어느 정도 수능 대비를 할 수 있는 자사고 또는 교육 특구 일반고로 진학하기도 했다. 하지만 2028학년도 대입부터는 계산이 복잡해진다.

2025년도부터 내신이 5등급제로 바뀌어 최상위권 내신 경쟁이 확연히 줄지만, 상대평가 과목이 늘면서 3학년 2학기까지 내신 경쟁을 피할 수 없다. 게다가 수시 전반에서 수능 최저가 반영되거나 강화될 예정이다. 결국 고3이라도 내신에 힘을 빼기 어렵고 내신만 신경 쓰기에도 힘든 구조로 바뀐다. 또한 어떤 전형을 준비하든 마지막까지 교과 성적, 교과 활동, 학교생활은 물론 수능까지 대비해야 하는 구조다. 대입 셈법이 복잡해진 만큼 대입 관련 정보에도 귀를 기울여야 하며, 대입의 시작인 고등학교 선택부터 더욱 신경 써야 하는 상황이다.

## 내신

수시와 정시의 핵심 반영 요소인 내신과 수능을 2028 대입 개편안을 중심으로 자세히 살펴보자. 먼저 고교 내신이 9등급제에서 5등급제로 개편된다. 9등급제와 비교하면 상위권 내신 경쟁이 그만큼 줄어든다. 예를 들어 A과목 수강자가 100명이면 1등급이 9등급제에서는 네 명이지만, 5등급제에서는 열 명이다.

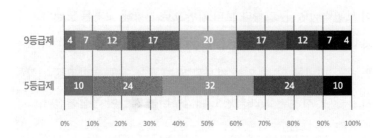

## | 내신 5등급제 과목의 등급 비율과 누적 비율 |

| 5등급제 | 등급 비율 | 누적 비율 | 20명 기준 인원 | 300명 기준 인원 |
|---|---|---|---|---|
| 1등급 | 10% | ~10% | 2명 | 30명 |
| 2등급 | 24% | ~34% | 5명 | 72명 |
| 3등급 | 32% | ~66% | 6명 | 96명 |
| 4등급 | 24% | ~90% | 5명 | 72명 |
| 5등급 | 10% | ~100% | 2명 | 30명 |

　모든 과목에 5등급제 상대평가가 적용되는 것은 아니다. 보통교과로 불리는 공통 과목, 일반 선택 과목, 진로 선택 과목, 융합 선택 과목은 상대평가이지만, 융합 선택 과목 중 사회·과학 융합 선택 과목은 A~E 절대평가다. 체육·예술 교과(군)와 과학탐구실험 과목은 A~C 절대평가다. 교양 교과(군)는 절대평가로 P(Pass)로 산출되며 출석률만 적용된다.

## | 보통교과 과목별 평가 방식 |

| 보통 교과 | 등급 비율 | 누적 비율 | 사회/과학 융합 선택 | 구분 점수 | 체육/예술/ 과학탐구실험 | 구분 점수 |
|---|---|---|---|---|---|---|
| 1등급 | 10% | ~10% | A | 90 | A | 80 |
| 2등급 | 24% | ~34% | B | 80 | B | 60 |
| 3등급 | 32% | ~66% | C | 70 | C | 60 미만 |
| 4등급 | 24% | ~90% | D | 60 | I | 40 미만 |
| 5등급 | 10% | ~100% | E | 60 미만 | | |
| | | | I | 40 미만 | | |

보통교과 평가 등급: 상대평가

체육/예술/과학탐구실험 평가
등급: 절대평가

사회/과학 융합 선택 평가 등급
: 절대평가

과목별 성적 산출 및 대학에 제공되는 방식은 다음 표와 같다.

| 과목별 성적 산출 및 대학 제공 방식 |

| 구분 | 절대평가 | | 상대평가 | 통계 정보 | | |
|---|---|---|---|---|---|---|
| | 원점수 | 성취도 | 석차 등급 | 성취도별 분포 비율 | 과목 평균 | 수강자 수 |
| 보통교과 | ○ | A·B·C·D·E | 5등급 | ○ | ○ | ○ |
| 사회·과학 융합 선택 | ○ | A·B·C·D·E | - | ○ | ○ | ○ |
| 체육·예술/과학탐구실험 | - | A·B·C | - | - | - | - |
| 교양 | - | P | - | - | - | - |
| 전문교과 | ○ | A·B·C·D·E | 5등급 | ○ | ○ | ○ |

이전과 달리 대학에 과목별 표준편차가 제공되지 않는다. 대학에서는 학생이 수강한 과목만 보고도 영재학교·과학고, 외고·국제고, 외대부고·하나고 등을 가늠할 수 있다. 하지만 일반고와 자사고, 일반고 중에서도 지역 명문고나 교육 특구에 있는 일반고는 수강 과목이 크게 다르지 않으므로 대학에서 표준편차 없이 이들 학교들을 구분하기는 더 어려워진다. 따라서 대학은 상대평가 석차 등급뿐 아니라 원점수, 성취도, 성취도별 분포 비율, 과목 평균, 수강자 수를 꼼꼼하게 살펴보며 학생별 수준을 판별할 것이다. 그런 만큼 지역 명문고, 교육 특구의 일반고, 전사고, 광사고는 일반고와 교과과정을 어떻게 차별화할지 고민해야 한다.

이전과 비교하면 최상위권 내신 경쟁은 확연하게 줄어든다. 반면 내신 경쟁 기간은 1.5배로 늘어날 것으로 보인다. 기존 교육과정에서는 진로 선택 과목이나 융합 선택 과목이 절대평가였고, 이 과목들은 대개 3학년에 개설되므로 3학년은 내신 경쟁에서 조금 벗어나 있었다. 하지만 개편안에서는 진로 선택 과목과 융합 선택 과목 대부분이 상대평가로 바뀌면서 3학년이 되어도 여전히 내신 경쟁에서 벗어날 수 없다. 과목별 교과목은 다음 표와 같다.

**| 2022 개정 교육과정 고등학교 보통교과 |**

| 교과(군) | 공통 과목<br>(기초 소양) | 선택 과목 | | |
| --- | --- | --- | --- | --- |
| | | 일반 선택<br>(학문별 주요 내용) | 진로 선택<br>(심화 과목) | 융합 선택<br>(교과 융합, 실생활 응용) |
| 국어 | 공통국어1<br>공통국어2 | 화법과 언어,<br>독서와 작문, 문학 | 주제 탐구 독서, 문학과 영상, 직무 의사소통 | 독서 토론과 글쓰기, 매체 의사소통, 언어생활 탐구 |
| 수학 | 공통수학1<br>공통수학2<br>기본수학1<br>기본수학2 | 대수, 미적분 I,<br>확률과 통계 | 기하, 미적분 II, 경제 수학, 인공지능 수학, 직무 수학 | 수학과 문화, 실용 통계, 수학 과제 탐구 |
| 영어 | 공통영어1<br>공통영어2<br>기본영어1<br>기본영어2 | 영어 I, 영어 II,<br><br>영어 독해와 작문 | 영미 문학 읽기, 영어 발표와 토론, 심화 영어, 심화 영어 독해와 작문, 직무 영어 | 실생활 영어 회화, 미디어 영어, 세계 문화와 영어 |
| 사회<br>(역사/<br>도덕 포함) | 한국사1<br>한국사2<br>통합사회1<br>통합사회2 | 세계시민과 지리,<br>세계사,<br>사회와 문화,<br>현대사회와 윤리 | 한국지리 탐구, 도시의 미래 탐구, 동아시아 역사 기행, 정치, 법과 사회, 경제 윤리와 사상, 인문학과 윤리, 국제 관계의 이해 | 여행지리, 역사로 탐구하는 현대 세계, 사회문제 탐구, 금융과 경제생활, 윤리문제 탐구, 기후변화와 지속가능한 세계 |

| 교과(군) | 공통 과목<br>(기초 소양) | 선택 과목 | | |
|---|---|---|---|---|
| | | 일반 선택<br>(학문별 주요 내용) | 진로 선택<br>(심화 과목) | 융합 선택<br>(교과 융합, 실생활 응용) |
| 과학 | 통합과학1<br>통합과학2<br>과학탐구실험1<br>과학탐구실험2 | 물리학, 화학,<br>생명과학,<br>지구과학 | 역학과 에너지, 전자기와<br>양자, 물질과 에너지, 화<br>학 반응의 세계, 세포와<br>물질대사, 생물의 유전,<br>지구시스템과학, 행성우<br>주과학 | 과학의 역사와 문화, 기<br>후변화와 환경생태, 융합<br>과학 탐구 |
| 기술·가정/<br>정보 | | 기술·가정 | 로봇과 공학세계, 생활과<br>학 탐구 | 창의 공학 설계, 지식 재<br>산 일반, 생애 설계와 자<br>립, 아동발달과 부모 |
| | | 정보 | 인공지능 기초, 데이터 과학 | 소프트웨어와 생활 |
| 제2외국어/<br>한문 | | 독일어, 프랑스어,<br>스페인어, 중국어,<br>일본어, 러시아어,<br>아랍어, 베트남어 | 독일어 회화, 프랑스어 회<br>화, (…) 베트남어 회화, 심<br>화 독일어, 심화 프랑스<br>어, (…) 심화 베트남어 | 독일어권 문화, (…) 베트<br>남 문화<br>* 8개 언어 모두 각각의 회<br>화/심화/문화 과목 포함 |
| | | 한문 | 한문 고전 읽기 | 언어생활과 한자 |
| 체육 | | 체육1, 체육2 | 운동과 건강, 스포츠 문<br>화, 스포츠 과학 | 스포츠 생활1,<br>스포츠 생활2 |
| 예술 | | 음악, 미술, 연극 | 음악 연주와 창작, 음악<br>감상과 비평, 미술 창작,<br>미술 감상과 비평 | 음악과 미디어,<br>미술과 매체 |
| 교양 | | 진로와 직업,<br>생태와 환경 | 인간과 철학, 논리와 사<br>고, 인간과 심리, 교육의<br>이해, 삶과 종교, 보건 | 인간과 경제활동, 논술 |

※ ▨는 절대평가/상대평가 병기 과목 ( 단, ▨는 수능 출제 과목), 바탕색이 흰색인 과목은 성취도만 표시되는 절대<br>평가 과목( 단, ☐는 성취도와 통계 정보가 표시되는 절대평가 과목).

고등학교 선택을 앞둔 중학생과 학부모 관점에서 내신을 정리하
면 다음과 같다.

첫째, 최상위권 내신 경쟁은 확연히 완화된다. 다만 변별력이 낮아지는 만큼 상위권 대학을 지망하는 일반고 학생이라면 전 과목에서 1등급을, 자사·특목고 학생이라면 전 과목에서 적어도 2등급을 확보해야 한다. 1등급 학생이 이전보다 2.5배로 늘어나다 보니 대학은 교과 전형에서 내신 등급만으로 학생을 선발하기가 어려워졌다. 교과 역시 학종과 마찬가지로 내신 등급은 기본으로 보고, 계열별로 과목 선택을 강제하거나 선택 과목별 배점을 달리하거나 수능 최저를 강화하거나 학생부 정성 평가를 더할 것이다.

→ 내신 성적을 챙기는 건 기본이고, 과목 선택을 올바르게 해야 하며 학교생활과 수능 및 모의고사 준비도 게을리하지 않아야 한다. 정확한 내용은 대학별 전형 기본계획이 발표되는 고1 8월과 대학별 전형 시행계획(계열별 모집 인원, 지원 자격, 수능 반영 비율 등 포함)이 발표되는 고2 4월에 알 수 있으므로 그 전까지는 과목 선택, 내신 성적, 학교생활, 모의고사를 모두 염두에 둬야 한다.

둘째, 상대평가 과목이 공통 과목과 일반 선택 과목에 진로 선택 과목과 융합 선택 과목(사회·과학 융합 선택 과목은 제외)까지 더해지면서 고3이 되어도 내신 과목 성적을 챙겨야 한다. 즉, 고3이 되어도 수능에 올인하기가 어렵다. 과목별로 1등급을 받기가 이전보다 수월해진 대신, 1등급을 받아야 하는 상대평가 과목이 늘어나서다. 3년 내내 등급 경쟁이 이어질 수 있다.

→ 고3 정시 합격생 비율이 상대적으로 높은 자사고라면 고3이 되어도 정시에 올인할 수 없는 구조로 바뀐다. 정시 합격생 비율이 높았던 자사고와 교육

특구 일반고의 경우, 그동안 재수 비율이 높았으므로 고3 마지막까지 내신을 챙기고 N수를 하면서 수능에 올인하는 전략을 취할 수 있었다. 그러나 이제는 누구라도 이런 전략을 처음부터 취하기가 어려워진다. 입시 실적을 볼 때 현역 정시 합격생 비율을 확인해 볼 필요가 있다. 현역 정시생 합격률이 높은 학교라면 평소 내신 시험을 수능 유형으로 내고 있을 확률이 높기 때문이다. 즉, 내신을 챙기는 것만으로도 어느 정도 수능을 대비할 수 있는 학교라는 의미다.

셋째, 학생들에게 과목 선택권을 넘겨주자는 고교학점제 취지에 따라 선택 과목이 대폭 늘어난다 해도 상대평가하는 과목이 대부분이라 원하는 과목을 자유롭게 선택하기는 부담스러운 상황이다. 그렇다고 성적이 잘 나올 법한 과목만 선택해서도 곤란하다. 고등학교에서 대학에 제공하는 자료가 점점 줄어들면서 이수 과목 영향력은 더욱 커질 것이다. 대학마다 필수 이수 과목을 계열별로 강제할 수 있고, 강제하지 않더라도 선호 과목을 분명히 드러낼 것이다. 무엇보다 대학이 따로 말하지 않더라도 이수 과목 자체가 학생의 학업·탐구 역량을 가장 잘 보여주는 지표이기 때문에 마냥 성적만 쫓을 수 없는 노릇이다.

→ 폭넓은 과목 선택권이 주어지는 자사·특목고가 학생부 평가에서는 유리하지만 그만큼 소수 과목(수강생 수가 적은 과목)이 많아지는 만큼 내신 1, 2등급을 확보하기 위한 경쟁이 치열해질 수 있다. 고등학교를 선택하기 전에 학교별 교과과정을 살펴보고, 그 안에서 잘할 수 있을지, 어떻게 과목 구조를 짜야 할지 미리 고민해야 한다.

넷째, 대학 전형 서류가 점점 줄어들면서 학생부에 드러나는 수치와 내용이 이전보다 더 중요해졌다. 수강한 교과 성적이 최우선이며, 얼마나 많은 과목에서 1등급을 확보하느냐가 관건이다. 하지만 성적만 챙겨서는 곤란하다. 앞서 말했듯이 이수 과목 영향력이 커진다. 특히 자연 계열을 지망하는 학생이라면 대학별 이수 권장 과목을 확인해서 따라야 하고, 따르지 않으면 불이익을 감수해야 한다. 인문·사회 계열에는 권장 과목이 없지만, 전공별 선호 교과가 분명히 있다. 필요한 과목이 있는데 내가 다니는 학교에서 개설되지 않는다면 공동 교육과정을 통해 이수하는 노력도 더해야 한다.

학업 성취와 관련하여 석차 등급 말고도 원점수, 성취도, 성취도별 분포 비율, 과목 평균, 수강자 수 같은 각종 숫자를 하나하나 신경 써야 한다. 숫자로 드러나지 않는 학업 태도와 탐구력을 보여주는 교과별 세부 능력과 특기 사항에도 당연히 신경 써야 한다. 자연 계열 학생이라면 수학과 과학, 어문 계열 학생이라면 국어와 영어, 상경 계열 학생이라면 수학에 조금 더 신경 써야 한다.

→ 입시 제도 자체가 복잡하고 혼란스러운데 이제 챙겨야 할 요소도 더 늘었다. 하지만 이 모든 과정은 대입을 준비하는 모든 아이가 함께 거치는 과정이다. 나와 내 아이에게만 복잡한 게 아니므로 스트레스받지 말자. 복잡해진 만큼 더 다양한 선택지가 있다고 긍정적으로 생각하자.

# 수능

내신과 달리 수능은 9등급제로 유지된다. 이전과 같이 국어, 수학, 사회·과학 탐구는 상대평가 9등급제이고, 영어는 절대평가 9등급제다.

| 9등급제 상대평가 과목의 등급 비율과 누적 비율 | | |
| --- | --- | --- |
| 국어/수학/탐구 | 등급 비율 | 누적 비율 |
| 1등급 | 4% | ~4% |
| 2등급 | 7% | ~11% |
| 3등급 | 12% | ~23% |
| 4등급 | 17% | ~40% |
| 5등급 | 20% | ~60% |
| 6등급 | 17% | ~77% |
| 7등급 | 12% | ~89% |
| 8등급 | 7% | ~96% |
| 9등급 | 4% | ~100% |

| 9등급제 절대평가 과목의 구분 점수 | |
| --- | --- |
| 영어 | 구분 점수 |
| 1등급 | 90 |
| 2등급 | 80 |
| 3등급 | 70 |
| 4등급 | 60 |
| 5등급 | 50 |
| 6등급 | 40 |
| 7등급 | 30 |
| 8등급 | 20 |
| 9등급 | 20 미만 |

2028학년도 수능부터 국어, 수학, 사회·과학 탐구의 선택 과목이 폐지된다. 따라서 수능 응시생 전체가 제2외국어/한문을 제외한 전 과목(국어, 수학, 영어, 한국사, 사회·과학 탐구, 직업) 시험을 동일하게 본다. 선택 과목을 둘러싼 '유불리 논란'이 역사 속으로 사라질 것이다. 선택 과목이 사라짐과 동시에 수학, 사회, 과학 과목의 범위가 확연히 줄어든 점도 눈에 띈다.

| 2028학년도 수능 영역별 평가 방식 및 과목/문항/시간 |

| 교시 | 영역 | 평가 | 과목/문항과 시간 |
|------|------|------|------------------|
| 1 | 국어 | 상대평가<br>9등급 | 화법과 언어, 독서와 작문, 문학<br>45문항 80분 |
| 2 | 수학 | | 대수, 미적분 I, 확률과 통계<br>30문항 100분 |
| 3 | 영어 | 절대평가<br>9등급 | 영어 I, 영어 II<br>45문항 70분 |
| 4 | 사회·과학 탐구 | 상대평가<br>9등급 | 통합사회, 통합과학<br>40문항 60분 |
| 4 | 한국사 | 절대평가<br>9등급 | 한국사<br>20문항 30분 |
| 4 | 직업 탐구 | | 성공적인 직업생활<br>20문항 30분 |
| 5 | 제2외국어/한문 | | [9과목 중 택1] 30문항 40분<br>독일어, 프랑스어, 스페인어, 중국어, 일본어,<br>러시아어, 아랍어, 베트남어, 한문 |

고등학교 선택을 앞둔 중학생과 학부모 관점에서 수능을 정리하면 다음과 같다.

첫째, 수학 영역에서는 지금까지 문과생이 주로 응시해 온 과목인 대수(이전 수학 I), 미적분 I(이전 수학 II), 확률과 통계가 수능 과목으로 확정되었다. 미적분 II(이전 미적분)와 기하 과목이 빠지면서 학습 범위와 부담이 눈에 띄게 줄었다.

→ 단, 자연 계열을 지망하는 학생이라면 학교 내신 과목으로 미적분 II 과목 이수를 권장하거나 강제할 가능성 크다. 그렇다 해도 미적분 II는 수능 과목 범위에서 벗어나고, 내신 시험은 학교마다 난이도 차이가 크므로 영재·과학고에 진학하는 경우가 아니라면 미적분 II 선행을 권하지 않는다.

둘째, 사회·과학 탐구 영역에서는 선택 과목이 완전히 사라지고 통합사회와 통합과학만 수능 과목으로 정해졌다. 두 과목 모두 고1 이수 과목인데 고3 수능 과목에 속하게 되면서 3년 내내 복습해야 하는 부담은 있다. 그렇다 해도 이전에 비하면 학습 범위는 확연히 줄어든다. 문과 성향의 학생도 과학을 피할 수 없고 이과 성향의 학생도 사회를 피할 수 없지만, 통합사회와 통합과학 점수를 분리·산출하여 대학에서 한 과목을 선택해 반영하거나 과목별 배점을 달리하여 반영할 수 있으므로 미리 걱정하지 않아도 된다. 더욱이 공통 과목이라 수능에서 난이도를 올리는 데는 한계가 있을 것이다.

→ 대학에서는 자연 계열 학생들의 기본 과목(물리·화학·생물·지구과학)에 대한 학업 역량을 판별하기 힘들어지므로 학교 내신 과목으로서 해당 과목 이수 여부를 확인하고 성적을 반영하거나, 계열별·전공별로 해당 과목을 이수

하도록 강제할 가능성도 있다. 그렇다 해도 중학교 때 미리 의약학(의대·치대·한의대·약대·수의대) 계열이나 공과 계열로 정한 게 아니라면 중3까지는 물리 I과 화학 I 과목의 선행 학습을 권하지 않는다.

셋째, 앞의 표에는 제시하지 않았지만 EBS 간접 연계는 50퍼센트로 유지될 전망이다.

## 의대 정원 확대·지역인재 기준 강화·무전공 선발 확대가 입시에 미치는 영향

2022 개정 교육과정(고교학점제와 2028 대입)과 함께 큰바람이 불어오고 있다. 바로 의대 정원 확대, 지역인재 기준의 강화, 무전공 선발 확대다.

의대 정원은 1998년 이후 27년 만에 3,113명에서 4,610명으로 1,497명이 증원되었다. 의대 선호 현상이 입시 판을 좌지우지하는 현 상황에서 급격한 변화다. 모집 인원을 보면 수시로 3,118명(68퍼센트), 정시로 1,492명(32퍼센트)을 선발하고, 수도권에서 1,326명, 비수도권에서 3,284명을 선발한다. 비수도권 의대의 지역인재 모집 인원도 3,202명 중 59.7퍼센트인 1,913명에 이른다. 2024학년도 모집 인원보다 888명이 늘어난 만큼 2025년 대입부터는 지역인재에 속하는 학생이 지역 의대에 들어가기가 훨씬 수월해질 전망이다.

의대 정원이 확대되면 자연 계열 입학생의 합격선은 낮아질 수 있다. 1,497명은 최상위 대학으로 불리는 SKY 공대생의 60퍼센트에 달하는 수준이다. 의대 입학 성적이 약간만 낮아져도 의약학 계열 입학 합격선도 낮아지고, 이는 SKY 공대 입학생의 합격선에도 영향을 미친다. 의대는 극상위권 싸움이지만 연쇄 작용을 고려하면 자연 계열 입학생 전체가 영향권에 드는 셈이다. 결과적으로 자연계를 고려하는 중학생과 학부모에게는 반가운 소식이다.

그다음은 지역인재 기준의 강화다. 2027학년도 대입까지는 지역에 3년간 거주한 학생이면 지역인재에 들어간다. 하지만 2028학년도 대입부터는 지역에 6년간 거주한 학생이라야 지역인재에 들어간다. 즉, 중1부터 고3까지 해당 지역에 계속 거주한 학생만 지역인재라는 말이다. 예를 들면, 2024학년까지는 수도권 거주 학생도 상산고나 민사고 같은 지역에 속한 자사고를 다니면 지역인재 카드를 쓸 수 있었지만, 2025학년부터는 수도권 학생이 해당 지역에 속한 자사고를 다녀도 지역인재 카드를 쓸 수 없다.

전라북도 전주에 있는 상산고와 강원도 횡성에 있는 민사고는 상당수 학생을 학종과 정시로 의대에 보내왔다. 따라서 지역인재 전형 기준이 강화되어도 영향을 크게 받지는 않을 것이다(다만 지역인재를 염두에 두고 입학하는 수도권 학생은 사라질 것이므로 2025학년도 입학생 중 수도권 학생 비율은 확인해 볼 필요가 있다). 그렇다 해도 지역 의대를 가기에 지역인재만큼 유리한 카드는 없다. 따라서 현재 수도권 거주 중학생은 상관없지만, 초등학생을 둔 부모라면 아이를 중학교에 보낼 때 전략적으로 해당 지역 학교에 보내는 경우도 늘 것이다. 특히 부모 중 한 명의 직장이 해당 지역에 있거나 수도권에서 크게 멀지 않는 지역에 있다면 충분히 고민해 볼 만한 카드다.

마지막은 대학의 무전공 선발 확대다(사실 대학 방침이라기보다 보조금을 통해 대학들을 압박하는 교육부 방침으로 볼 수 있다). 무전공 선발은 제4차 산업혁명 시기에 걸맞은 경쟁력 있는 인재를 육성하고자 교육부가 의지를 보이며 추진하는 정책이기도 하다. 당장 2025학년도 대입부터 무전공 모집 인원이 전체 모집 인원의 28.6퍼센트인 37,935명이다. 이 중 수도권 대학이 29.5퍼센트이고, 국립대는 26.8퍼센트다.

무전공 선발 시 대학에서는 두 가지 유형 중 한 가지를 선택할 수 있다. 유형1은 대학 내 모든 전공(보건의료, 사범 계열 등 제외)을 학생이 자율 선택하는 방식이고, 유형2는 대학이 계열, 학부, 단과대 등 광역 단위로 학생을 모집한 후에 학생이 해당 계열, 학부, 단과대 내에서 원하는 전공을 선택하는 방식이다. 무전공으로 입학한 학생은 대학교 1학년 때 진로를 탐색하고, 2학년 때 전공을 선택한다.

무전공 선발 확대가 가져올 파장은 무엇일까? 우선 학종에서 진로 역량보다 학업 탐구 역량이 훨씬 중요해진다. 지금도 학종에서는 진로 역량보다 학업 탐구 역량을 더 중요하게 보지만 지금보다 강화될 수밖에 없다. 가끔 학종을 오해하는 부모를 보는데, 흔한 경우가 진로 역량을 꿈 찾기 또는 꿈 체험 정도로 연결하는 경우다. 의대를 지원할 때의 핵심은 의사가 '되고 싶은' 아이가 아니라 의사가 '될 수 있는' 아이라는 점을 아무리 설명해도 생기부를 '의사'로 도배해야 뽑아준다고 오해한다. 극단적인 예이지만 생기부에 '의사'의 '의' 자가 한 자도 없어도 물리, 화학, 생물, 수학 등 학업 탐구 역량이 뛰어난 아이라면 대학에서 이 학생은 의대 공부를 충분히 할 수 있겠다고 판단하여 먼저 뽑는 게 학종이다.

　무전공 선발에서는 이 학생이 얼마만큼 학업 역량을 갖추고 있는지, 그래서 어떤 전공을 선택해도 그 전공을 충분히 공부해 나갈 수 있는지를 판단하는 셈이다. 다만 현재 무전공과 유사한 서울대 자율전공학부를 예로 들면 자율전공이긴 하지만 대다수 학생을 이과형 학생으로 선발한다. 따라서 학업 역량 중에서도 수·과학 학업 역량을 더 중요한 지표로 활용한다. 제4차 산업혁명 시대에 걸맞은 인재 육성이라는 무전공 확대 정책의 목적과 연결되어 있어서다. 결국, 수·과학 공부는 어디서도 피할 수 없다는 점을 기억하자.

　앞으로 우리가 만날 다양한 입시 변화에 대해 살펴보았다. 결국, 교육의 큰 흐름은 시대의 큰 흐름을 따라가는 구조다. 미래 사회를 살아갈 아이들이므로 그 사회에 필요한 인재가 되기 위한 과정을 고등학교 때부터 밟아나가면 된다. 앞에서 살펴본 세 가지 변화도 그런 의미로 이해하기 바란다.

# 고교학점제를 대비하는
# 우리의 자세

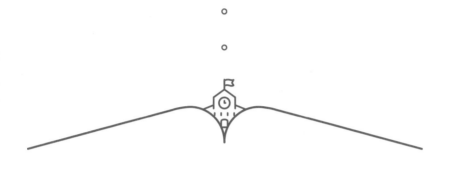

　　교육은 백년지대계라고 하는데 대한민국의 교육정책은 너무 자주 많은 변화를 거쳐왔다. 그리고 우리는 이 변화의 가장 큰 게임체인저 앞에 서 있다. 바로 고교학점제다. 고교학점제 도입은 학력고사에서 수능으로 체제를 변화시킨 1994학년도 이후 가장 큰 변화이며, 해방 이후의 교육제도를 모두 살펴봐도 변화의 폭이 가장 크다고 여겨질 정도다.

## 고교학점제의 핵심은 '과목 선택'

　　고교학점제는 제도 자체만 보면 전혀 복잡하지 않다. 지금까지 이수제로 운영된 고등학교 체제를 '학점제'로 바꿔서 학생이 3년 동안 192학점을 이수하면 졸업할 수 있도록 한다. 대학의 학점제처럼 학생들의 교과목 선택 폭을 넓히고, 상대평가가 남아 있긴 해도 9등급제에서 5등급제로 완화하며, 가능하면 아이들이 듣고 싶은 과목 또는 들어야겠다고 생각하는 과목을 들을 수 있도록 유도하고 있다. 따라서 고교학점제의 핵심은 학점제가 아니라 '과목 선택'이다. 즉, 과목 선택을 어떻게 해야 입시에 유리할지 미리 알아야 한다는 말이다.

'과목 선택'은 말 그대로 학생이 들을 과목을 선택한다는 말이다. 1학년 때는 공통 과목을 주로 듣고 2학년이 되면 선택한 과목을 듣게 되는데, 문제는 2학년 때 들을 과목을 1학년 때 미리 선택해야 한다는 것이다. 더 정확히 말하면, 1학년 여름방학에 2학년 때 들을 과목을 선택해서 학교에 제출해야 한다. 수요 조사를 미리 해야 학교가 개설 과목을 준비할 수 있기 때문이다. 정리하면 아이가 고등학교에 입학한 후 6개월이 되기도 전에 본인이 2학년 때 들을 과목을 선택해야 한다는 말이다.

이때 선택하는 과목이 대학 입시에 지대한 영향을 미친다. 대학에서는 한 학기 시간표를 잘못 짜면 재수강할 수 있지만 고교학점제에는 이런 패자 부활 기회가 없다. 한마디로 '낙장불입'이다. 2학년 때 듣는 과목에 따라 아이가 대학에서 어느 계열이나 학과를 쓸지 대충 윤곽이 나온다. 3학년 때는 2학년 때 들은 과목을 바탕으로 이를 더 심화할 수 있는 과목들을 들어야 하기 때문이다. 즉, 아이가 정말 듣고 싶은 과목을 듣기도 하겠지만, 대입과 연동하여 과목을 선택해야 한다는 말이다.

## 과목 선택의 현주소

이런 상황에서 아이들이 과목을 어떻게 선택할지는 불 보듯 뻔하다. 고교학점제에 대한 이해가 부족한 상황이라면 더욱 아찔하다. 교육부는 아이들이 본인의 관심사와 미래를 생각해서 자기에게 필요하거나 자기가 듣고 싶은 과목을 선택하라고 '자유'를 부여한 셈인데, 자유에는 언제나 '책임'이 따른다. 열다섯, 열여섯 살짜리 아이들에게 이 책임은 너무도 낯설고 무겁다.

게다가 대다수 과목이 상대평가라는 점도 주목해야 한다. 교육부는 애초에 고교학점제를 도입하면서 전 과목 평가를 절대평가로 전환하려고 했다. 하지만 여러 이유로 절대평가는 없었던 일이 되었고, 기존 9등급제를 5등급제로 완화한 상대평가가 확정되었다.

상대평가 방식에서는 내가 잘하는 과목이라도 남이 나보다 더 잘하면 그 과목에서 좋은 성적을 받을 수 없다. 그러니 듣고 싶은 과목이 있어도 남보다 잘할 수 없다면 후순위로 미뤄야 한다. 기준이 '나'가 아니라 '남'이 될 수밖에 없다. 수강생이 소수인 과목은 아이들이 피할 가능성이 크다. 아이가 불이익을 감수하고서라도 이런 과목을 선택한다면 분명 그 아이가 잘하는 과목이거나 원하는 계열로 입학하기 위해 들어야 할 필수·권장 과목인 경우다. 수강생이 다수인 과목에 비해 수강생이 소수인 과목은 1등급을 받기가 그만큼 힘들어진다. 학교는 이 점을 아이들에게 충분히 인지시켜야 하는데, 이런 안내가 잘 될수록 아이는 안정 지향적으로 과목을 선택할 확률이 높아진다. 과목 선택권의 자율성이라는 원래 취지에서는 점점 더 벗어나는 아이러니한 상황이다.

## 중등 시기에 해야 할 일

앞서 고1 여름방학에 2학년 때 들을 과목을 결정한다고 했다. 이때 부모는 아이와 미리 의견을 주고받으며 아이가 과목과 시간을 잘 선택할 수 있도록 도와주면 좋다. 아이가 학교 시간표를 짜는데 굳이 부모가 나서야 하느냐며 한숨이 나오겠지만 경험치가 없는 아이들이므로 처음에는 도와주길 권한다.

그 전에 아이와 부모가 할 일이 있다. 고등학교에 입학하기 전에 진로를 어느 정도 정하는 일이다. 고등학교에 입학하고 4~5개월이 지나면 여름방학이다. 고등학교에 적응하느라 정신없이 1학기를 보낸 아이가 당장 대입을 위한 큰 그림인 시간표를 짜려고 하면 조급해질 수 있다. 물론 고2 때 특정 과목을 들은 후 진로를 바꿀 수도 있고 고3이 되어 바꾼 진로에 맞는 과목을 수강할 수 있다. 대학별 입시안이 나오지 않은 시점이라 확신할 수 없지만, 현재 학종에서도 중간에 진로를 바꾼다고 해서 감점을 주지 않으므로 불이익이 크지도 않다. 대다수 입학사정관이 진로 변경은 진로 탐색 과정에서 충분히 일어날 수 있는 일로 받아들이기 때문이다. 그렇다 해도 일관되고 체계적으로 과목이 설계되고, 학년이 오를수록 심화·탐구력이 더해지는 깊이 있는 생기부에 가산점을 줄 수밖에 없다. 진로 설계 및 고민을 중학생 때부터 시작하라고 권하는 이유다.

일단 중학생 때 전공까지는 아니더라도 공학·의학·인문·사회 계열 정도는 정해야 한다. 전공 구체화는 고등학교에 입학한 후에 해도 충분하다. 무전공을 고려하더라도 마찬가지다. 39쪽에서 살펴본 것처럼 대학 내 모든 전공(보건의료, 사범 계열 등 제외)을 학생이 자율 선택하는 방식도 있지만(유형1), 계열·학부·단과대 등 광역 단위로 학생을 모집한 후에 해당 계열·학부·단과대 내에서 학생이 원하는 전공을 선택하는 방식도 있기 때문이다(유형2). 당장 2025학년도만 봐도 수도권 대학의 경우 무전공 선발이 전체 모집 인원의 29.5퍼센트 정도인데, 그중 유형1이 13.1퍼센트이고 유형2가 16.4퍼센트다.

사실 계열이나 전공을 중학생 시기에 정하기는 생각보다 쉽지 않다. 단순히 호감 가는 계열이 아니라 잘할 수 있고 경쟁력 있는 계열을 찾아야 하는데 학교생활을 충실히 한다고 해서 찾을 수 있는 일은 아니다. 따라서 중학생이라도 내신만 챙기지 말고 다양한 진로 체험과 경험을 통해 본인에게 맞는 분야를 찾아야 한다. 본인에게 맞는 분야를 찾기가 어렵다면 적어도 본인에게 맞지 않는 분야 정도는 알고 고등학교에 입학해야 한다. 실제로 나는 "너에게 맞는 전공이나 직업을 찾기 어려운 건 당연해. 그럴 땐 도저히 맞지 않는 전공이나 직업이라도 찾아보자."라고 아이들에게 말한다. 그 정도는 잡고 고등학교에 입학하는 경우와 아닌 경우 간의 차이도 크기 때문이다. 아이들에게 숙제를 하나 더 던진 듯해 마음이 무겁지만, 이렇게라도 한발을 떼어두면 과목을 선택할 때 분명히 유리하다.

지금까지 살펴본 것처럼, 고교학점제는 원래 취지에서 많이 벗어났지만 그렇다 해도 대한민국의 교육을, 아이들의 미래를 획기적으로 바꿀 수 있는 교육제도임에는 분명하다. 지금처럼 정해진 과목을 충실하게 이수하는 것만으로는 미래 사회에 적합한 인재가 되기 어렵다. 국가적 측면에서도 그렇지만 개인적으로도 변화하는 사회에 적응하기가 어렵기 때문이다. 미약하지만 본인이 과목을 선택할 수 있고, 그 과목을 공부하며 그에 따른 결과에 책임을 짊으로써 아이들이 주도성과 주체성을 기를 수 있다고 생각한다. 주도성과 주체성, 특히 책임의식은 세상을 살아가는 필수 자질이지만 지금까지 소홀히 여겨왔고, 현행 교육제도 안에서는 키우기 어려웠다.

또한 고교학점제 체제에서 개설될 것으로 예정된 과목 중 상당수는 이전 교육제도 안에서 배우는 과목에 비해 다양하고 깊이도 있어 잘 연계만 되면 아이가 대학에 입학한 후에도 수업을 듣거나 생활하는 데 적응력을 높여줄 것이다. 이왕 고교학점제 대상 학생이라면 이 제도의 좋은 면을 어떻게든 내 것으로 취하고, 불리한 면에는 대비해야 한다. 학생과 학부모 모두 고교학점제의 핵심을 정확히 이해하고 준비하길 바란다.

# 고등학교라고 해서
# 다 같은 고등학교가 아니다

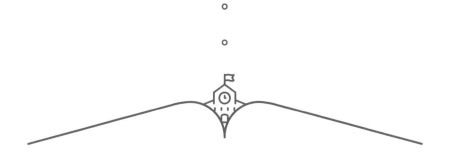

고등학교 관련 기사나 영상을 보면 전기고와 후기고, 영재학교와 과학고, 외고와 국제고, 전사고와 광사고, 특목고와 일반고, 중점학교와 농어촌자율학교 등 고등학교를 부르는 다양한 이름이 등장한다. 이렇게 다양한 이름이 붙은 이유는 고등학교별로 유형이 다르고 모집 시기가 달라서다. 하나씩 살펴보자.

## 전기고와 후기고

먼저, 모집 시기에 따라 전기고와 후기고로 나눌 수 있다. 전기고에는 영재학교, 특목고(과학·예술·체육 계열, 마이스터고), 특성화고 등이 있다. 후기고에는 특목고(국제고, 외고), 자사고, 일반고 등이 있다. 원서 접수는 4월에 한국과학영재학교의 장영실 전형을 시작으로 12월까지 이어진다.

| 모집 시기에 따른 고등학교 구분 |

| 구분 | 학교 계열 | 원서 접수 | 합격자 발표 |
|---|---|---|---|
| 전기고 | 영재학교 | 5월 하순~6월 초순 (단, 한국과학영재학교 장영실 전형은 4월 초순) | 8월 하순 |
| | 과학고 | 8월 하순~9월 초순 | 11월 하순~12월 초순 |
| | 예술고/체육고 | 10월 중순~하순 | 10월 하순~11월 초순 |
| | 마이스터고 | 10월 중순 | 10월 하순 |
| | 특성화고 | 11월 중순~12월 초순 | 12월 초순 |
| 후기고 | 국제고/외국어고, 예술·체육 중점학급 | 12월 초순 | 12월 중순 |
| | 자사고 | 12월 초순 | 12월 하순 |
| | 자율학교, 중점학교, 일반고 | 12월 초순 | 1월 초순(배정 대상자 발표) 1월 하순~2월 초순(배정 학교 발표) |

영재학교를 비롯한 특목고와 자사고는 학교별 전형 요강에 따라 자기주도학습 전형, 실기 고사, 추첨, 중학교 내신 성적 등 학교 설립 취지에 부합하는 전형으로 학생을 선발한다. 반면 일반고는 중학교 성적을 기준으로 배정 대상자를 선발한 후 학생의 지원 사항과 학교별 배치 여건 및 통학 편의 등을 고려하여 단계별로 전산·추첨하여 배정한다.

## 이중 지원 금지

고등학교를 이중 지원하면 지원자의 합격이 취소될 수 있으므로 주의해야 한다. 어떤 경우가 이중 지원에 해당하고, 어떤 경우에 이중 지원의 예외가 되는지 꼭 확인해야 한다. 예를 들면, 전기고에는 보통 1개 학교만 지원할 수 있다. 전기고 합격자는 후기고에 지원할 수 없고, 후기고 합격자는 전기고를 비롯해 특목고나 자사고의 추가 모집에 지원할 수 없다. 또한 후기고에 속하는 특목고와 자사고에 지원한 후 불합격이 결정되지 않은 상태에서 일반고에 지원할 수 없다. 후기고에 속하는 특목고와 자사고의 불합격이 결정된 경우라면 일반고 2단계 또는 2지망부터 지원할 수 있다. 중점학급(과학·예술·체육·교과 중점)을 별도로 모집하는 경우라면 중점학교를 지원할 때 후기 특목고인 외고·국제고와 자사고에는 지원할 수 없다.

더 자세한 내용은 학교별 모집 요강을 확인해야 한다. 매해 조금씩 내용이 바뀌므로 반드시 당해 최종본을 확인하자. 입학생을 학교장이 선발하는 외고, 국제고, 자사고 등은 개별 학교의 홈페이지에서, 입학생을 교육감이 선발하는 일반고는 해당 교육청 홈페이지에서 모집 요강을 확인할 수 있다.

## 슬기로운 고등학교 지원 방법

모집 일정을 확인한 후 원서를 차례로 3개까지 쓸 수 있다. 영재학교를 쓰고 불합격하면 전기고를 쓰고, 전기고에 불합격하면 후기고를 쓰는 식이다. 물론 후기고에서 1개를 쓸 수 있다는 말은 1지망을 1개 쓸 수 있다는 뜻이고 이외 2지망과 3지망으로 다른 학교를 쓸 수는 있다. 영재학교나 과학고에 떨어져도 전사고는 쓸 수 있지만, 전사고 중에서 2개 학교를 쓸 수는 없다. 마찬가지로 전사고, 외고, 국제고 중 2개 학교를 쓰는 것도 불가능하다.

전기고인 영재학교나 과학고를 지원한다면 5월부터 8월 사이에 자소서(자기소개서)를 쓰고 모든 일정이 11월 전에 마무리된다. 그에 비해 후기고에서는 원서 접수를 12월 초에, 면접을 12월 중순에 진행하고, 실질적인 결과 발표는 12월 말이나 1월 초에 한다. 이런 일정 때문에 전기고, 즉 영재학교나 과학고를 지원한 다음에 전사고나 외고·국제고를 지원하는 아이들이 많다. 하지만 이 전략은 개인적으로 추천하지 않는다.

영재·과학고와 전사고는 학교가 추구하는 방향이 달라서다. 플랜 B도 필요하지만 일단 아이 성향에 가장 잘 맞는 학교를 선택해야 합격률이 높아지고, 합격한 후에도 학교생활을 잘할 수 있다. 영재·과학고는 과학 인재를 육성하기 위해 수·과학에 초점을 맞춰서 입시 방향을 잡지만, 전사고는 학교마다 원하는 인재상이 조금씩 다르고 특히 한쪽으로 역량이 강화된 학생보다 올라운더를 원하는 경향이 크다. 따라서 영재학교나 과학고를 준비했던 경험이 전사고를 준비하는 데 큰 도움이 되지 않는다.

그런데도 부모님들은 영재·과학고를 준비하는 과정에서 얻은 경험치를 전사고를 쓸 때도 적용하려 한다. 그럴 때마다 굉장히 난감하다. 본의 아니게 부모님이 고등학교를 서열화하여 생각하고 있는 게 아닌가 싶을 정도다. 영재·과학고가 가장 좋고, 그다음이 전사고, 그다음이 외고·국제고라고 여기기도 한다. 전혀 그렇지 않다. 오히려 영재·과학고를 준비하며 쌓은 경험이 자사·특목고를 준비하는 과정을 막기도 한다. 아이는 연이은 불합격으로 자신감이 떨어지기도 하고, 열패감 때문에 자사·특목고로 향해야 할 동기부여가 잘 안 될 수도 있다. 따라서 고등학교를 지원할 때는 영재학교 → 과학고 → 자사고 순으로 생각하기보다 부모와 아이가 충분히 상의하여 처음부터 아이에게 가장 잘 맞는 한 곳을 정해서 쓰길 권한다.

어쨌든 전기고와 후기고를 모두 쓸 수 있다 보니 영재학교 → 과학고 → 자사고 순으로 쓸 수는 있다. 그런데 영재학교, 과학고, 자사고에서 모두 떨어지면 어떻게 될까? 이럴 때는 일반고로 배정받게 되는데 여기서부터는 사는 지역이 평준화 지역이냐, 비평준화 지역이냐에 따라 달라진다.

평준화 지역에서는 근거리를 기반으로 한 무작위 추첨이 일반적이다. 인기가 많은 일반고라면 1지망 학교로 써도 배정되지 않을 수 있고, 자사고나 외고·국제고를 썼다가 떨어지면 인기 학교는 더 못 갈 가능성도 있다. 그렇다 해도 대다수 일반고는 지원생이 모집 정원을 초과하는 경우가 많지 않고, 학생이 통학 가능한 곳으로 학교를 배정하므로 미리 걱정할 필요가 없다. 후기고 배정 방법은 교육

청마다 약간씩 차이가 나므로 미리 확인해 두면 좋다. 예를 들어 서울시 후기 일반고 지원 및 배정 방법은 다음과 같다.

**| 서울시 후기 일반고 지원 및 배정 방법 |**

| 단계별 | | 지원 방법 | 배정 비율 (모집 정원 대비) |
|---|---|---|---|
| 중점학급 | | 서울 전역에 있는 중점학교 중 1개 학교 지원(자사고, 외고·국제고 지원자는 지원 불가)<br>** 1단계에서 학교 소재 일반학교군 거주 지원자 중 모집 정원의 50%를 전산 추첨, 2단계에서 1단계 추첨 배정 탈락자와 타 일반학교군 거주 지원자 중 50%를 전산 추첨 | |
| 후기 일반고 | 1단계 | 단일학교군(서울시 전 지역)의 모든 후기 일반계 고등학교 중 진학을 희망하는 서로 다른 2개교(1지망 학교와 2지망 학교) 지원(자사고, 외고·국제고 지원자는 지원 불가) | 20% 전산 추첨 (중부 60%) |
| | 2단계 | 일반학교군(거주 지역 학교군)의 모든 후기 일반계 고등학교 중 진학을 희망하는 서로 다른 2개교(1지망 학교와 2지망 학교) 지원 | 40% 전산 추첨 |
| | 3단계 | 1, 2단계 추첨 배정에서 탈락한 학생들을 거주지 통학 편의, 1, 2단계 지원 사항, 종교 등을 고려하여 통합학교군(거주지 및 인접 학교군) 내에서 추첨 배정 | 40% 전산 추첨 |

출처: 하이인포(서울시교육청 서울 고교 홍보 사이트)

반면 비평준화 지역에서는 1지망 학교에서 떨어졌을 때 정원이 미달되는 학교로 배정되는 구조라, 배정된 학교가 통학하기에 먼 학교일 수도 있다. 그만큼 비평준화 지역은 평준화 지역과 비교하면 불안정성이 크다. 따라서 현재 사는 지역에 맞게 입시 전략을 짜야 한다. 학교를 결정할 때 원하는 학교에 배정되지 않는 상황까지 고려해야 하기 때문이다.

지금까지 전기고와 후기고의 전반적인 내용을 훑어보았다. 지금부터는 학교 계열별로 어떤 특징이 있는지 살펴보자.

## 영재학교와 과학고

영재학교와 과학고는 둘 다 과학 인재를 발굴하고 육성하려는 취지로 만들어진 학교이지만 분명한 차이가 있다. 영재학교는 여타 고등학교와 달리 영재교육진흥법에 따라 운영되고, 과학고는 여타 고등학교와 마찬가지로 초·중등교육법에 따라 운영된다. 운영 법령이 다르다 보니 모집 단위, 입시 일정, 지원 자격은 물론 교육과정도 다르다.

먼저 영재학교는 전국 단위 선발로 총 8개 학교(한국과학영재학교, 서울과학고, 경기과학고, 대구과학고, 대전과학고, 광주과학고, 세종과학예술영재학교, 인천과학예술영재학교)가 있고, 과학고는 광역 단위 선발로 총 20개 학교가 있다. 예를 들어 서울 지역 학생이라면 영재학교는 지역에 상관없이 어디든 한 곳을 지원할 수 있지만, 과학고는 서울에 있는 한성과학고와 세종과학고 중 한 곳만 지원할 수 있다.

앞서 살펴보았듯이 입시 일정도 영재학교는 4월에 시작하여 8월에 마무리되고, 과학고는 8월에 시작하여 12월에 마무리된다. 영재학교는 중학교 1학년생부터 3학년생까지 지원할 수 있지만, 과학고는 중학교 3학년생만 지원할 수 있다. 학교마다 조금씩 다르지만, 영재학교에 지원한다면 서류 전형, 지필 고사, 영재 캠프라는 3단계 관문을 통과해야 하고, 과학고에 지원한다면 서류 평가&출석 면담, 소집 면접이라는 2단계 관문을 통과해야 한다.

| 영재학교와 과학고의 단계별 전형 |

| | 영재학교 | 과학고 |
|---|---|---|
| 1단계 | 서류 전형<br>(생기부, 자소서, 추천서 등) | 서류 전형<br>(생기부, 자소서, 추천서 등), 면담 |
| 2단계 | 지필 고사<br>(수·과학 객관식, 서술형·논술형 문제) | 면접<br>(생기부와 자소서 기반 면접) |
| 3단계 | 숙박 캠프<br>(면접 및 토론을 통한 수행 능력, 인성,<br>태도 등 다면 평가) | |

　영재학교와 과학고 모두 1단계 서류 전형에서는 생기부, 자소서, 추천서를 통해 학업·탐구 역량과 인성을 평가한다. 다만 과학고는 1단계 서류 전형에서 입학담당관이 서류 검증과 확인을 하고 추가 정보도 확인하기 위해 면담 단계를 거친다. 2단계에서 영재학교는 지필 평가로 영재성 검사와 문제해결력 검사를 하고, 과학고는 구술 면접으로 수·과학의 학업·탐구·창의 역량을 평가한다. 3단계에서 영재학교는 실험 평가와 조별 활동 평가를 거친다.

　영재학교와 과학고 모두 생기부에 드러나는 수·과학 역량을 기본 역량으로 판단하고, 자소서와 추천서도 중요한 지표로 쓴다. 자소서는 다른 선발형 고등학교에서 요구하는 자기주도학습 역량이 아니라 "중학교 시절 본인을 대표할 수 있는 수·과학 경험을 3가지적으시오."처럼 수·과학 역량과 경험을 드러낼 수 있도록 특화되어 있다. 따라서 아이가 소개할 수 있는 수·과학 경험치를 어느 정도 가지고 있어야 한다. 여기서 말하는 수·과학 경험치는 ○○ 실험이나 ○○ 프로그램 제작 또는 ○○ 수학 문제에 도전해 본 경험 등이다. 영재교육원에서 진행하는 경험과 유사하다. 추천서는 담임교사를 비롯한 수·과학 담당 교사에게 받아야 하므로 수업 또는 동아리를 함께하며 아이를 지켜본 분에게 부탁해야 한다.

입시 항목 중 비중이 가장 큰 부분은 2단계의 지필 고사와 면접이다. 지필 고사에서는 수·과학 심화·창의·융합 문제를 출제하므로 난도가 높고 까다롭다. 면접은 자소서에 쓴 내용을 기반으로 또는 일반적인 수·과학 지식을 기반으로 진행되는데, 수·과학 면접이 어렵다고 알려진 상산고의 면접 질문과는 또 다르다. 수학적 원리나 과학적 개념에 관해 확인하는 것은 기본이고, 본인의 수·과학 경험치를 구체적인 지식에 기반해 추가 설명하도록 요구하기도 한다.

중학교 교육과정 내에서 출제한다고는 하지만 지필 고사의 문제와 면접 질문이 이전까지 봐온 내신 시험과 사뭇 다르다. 난도도 높고 접해보지 못한 유형이라 늦게 준비할수록 조바심이 날 수 있다. 이런 이유로 영재고나 과학고에 진학하려는 아이들은 초등학교 고학년부터 입시 준비를 시작해서 수·과학 진도를 빠르게 나가고 문제 유형에 익숙해지도록 길게 훈련하는 편이다.

두 학교 모두 입학한 후에도 수·과학 수업 시수가 워낙 많고 진도도 빨라, 학교생활을 미리 준비해야 한다는 생각이 커 전문 학원의 도움을 받는 아이가 많다. 애초에 과학고만 목표로 하는 아이도 있지만, 두 학교의 준비 과정에 비슷한 면이 있다 보니 더 많은 아이가 영재학교를 목표로 삼고 달리며 플랜 B로 과학고를 염두에 둔다.

이공계 인재가 되는 것이 꿈이라면 두 학교는 가장 매력적인 선택지다. 최고 수준의 교육 환경과 면학 분위기를 갖추고 있기 때문이다. 물론 매력만큼이나 부담도 따른다. 영재학교는 절대평가제로 운영되므로 내신 경쟁은 피할 수 있지만, 교육과정이 고등학교 수준을 넘어서기에 공부량이나 탐구 수준이 상상 이상이다. 과학고는 여타 고등학교와 마찬가지로 상대평가제로 운영된다. 워낙 뛰어난 아이들이 모여 있는 만큼 내신 경쟁도 치열하고, 공부량도 만만치 않다. 이공계 인재를 육성하려는 학교이다 보니 수·과학 특히 수학 시수가 일반고보다 월등히 많고, 진도도 매우 빠르며 교육과정 편제도 다르다. 수능을 준비하여 정시로 대학을 가기에는 불리하다는 의미다.

특히 의약학 계열로 진학을 희망하는 아이라면 두 학교는 선택지에서 제외하는 게 낫다. 학교마다 다르지만, 영재고나 과학고의 대다수는 의약학 계열로 진학하고자 하는 학생에게 대입 상담이나 진학 지도를 하지 않고 일반고 전학을 권고한다. 또한 두 학교만의 특성이 반영된 연구 활동이나 창의적 체험 활동 같은 교과 외 활동 및 수상 실적 등을 기재하지 않은 생기부를 제공하여 대입에서 불이익을 준다. 이런 불이익을 감수하고서라도 N수를 하여 의약학 계열을 지원하는 학생이 여전히 많다. 하지만 앞으로 제약과 불이익은 더

욱 커질 것이므로, 의약학 계열로 진학하고 싶은 아이라면 애초에
자사고나 일반고를 선택하길 권한다.

## 전사고

전사고(전국 단위 모집 자립형 사립 고등학교)는 사는 지역에 상관없이
지원할 수 있는 자사고로 총 10개 학교(외대부고, 하나고, 상산고, 민사고,
인천하늘고, 북일고, 포항제철고, 현대청운고, 김천고, 광양제철고)가 있다. 자사
고는 보통 12월 초순에 원서 접수를 시작하고 12월 말에 합격자를
발표한다.

전사고에 입학하려면 교과 성적 및 출결 사항을 반영한 1단계 서
류 전형과 2단계 면접을 통과해야 한다. 전사고에 들어갈 수 있는
성적 기준을 보면 국·영·수·사·과 성적이 모두 A여야 하며, B가 1개
라도 있으면 합격하기가 쉽지 않다(일부 전사고에는 B가 있어도 합격한다).
다만 매해 경쟁률에 따라 달라질 수 있고 학교마다 내신 산출 기준
이 다르므로 학교를 결정하기 전에 미리 확인해야 한다.

2단계에서는 생기부와 자소서를 기반으로 하는 면접이 진행된
다. 자소서의 경우 거의 모든 학교가 자기주도학습, 지원 동기 및 입
학 후 활동 계획, 졸업 후 진로 계획, 인성 영역을 본다. 반면 면접은
학교마다 인재상이 다르므로 차이가 뚜렷한 편이다.

예를 들면, 하나고는 공격형 압박 면접이 특징인데 면접관과의
다양한 대화 상황 속에서 학생의 대처력과 지식을 측정한다. 질문

을 예측하기가 굉장히 어려운데, 면접관은 학생이 하는 답변을 기반으로 추가 질문을 한다. 이 학교는 수시형 학생, 즉 학종을 잘 치를 수 있는 학생을 뽑으려고 하므로 활동성이 강하고 적극적인 아이를 선호하는 경향이 있다. 이런 경향이 면접에도 그대로 반영되는 것이다.

반면 외대부고는 학자형 면접이 특징인데, 세 가지 질문을 던지고 15분 동안 답변할 기회를 준다. 질문이 세 가지라 답변으로 15분을 채우려면 고난도의 지식과 자료가 필요하다. 면접 전에 다양하고 깊이 있는 지식을 완전히 체화해야 한다는 의미다. 면접이 이렇게 진행되는 이유는 외대부고가 원하는 인재상이 모든 분야에 관심 있는 올라운더이자 학자적 면모를 갖춘 지성인이기 때문이다.

상산고는 방을 2개로 나눠서 면접을 치르는데 핵심은 '창의수학방'이다. 이 방에서는 준비 시간을 주고 그 시간 동안 수·과학 문제를 풀게 한 후 면접관 앞에서 설명하게 한다. 다른 전사고에 비해 자소서에 기반한 질문이 적은 대신 수·과학 질문이 많다. 『수학의 정석』 저자가 설립한 학교인 만큼 영재학교나 과학고 수준까지는 아니어도 이과형 학생을 더 선호한다. 상산고가 의약학 계열 합격률이 높은 이유도 여기에 있다.

이외에도 전사고마다 면접 스타일이 조금씩 다르지만 크게 보면 공통 질문 비중이 높은 학교와 개별 질문 비중이 높은 학교로 나뉜다. 따라서 학교에 따라 면접 준비 과정을 조금씩 달리하면 된다. 각 학교가 원하는 인재상이 해당 학교 면접 스타일에 그대로 묻어

나므로 전사고를 고려한다면 학교 홈페이지에 나온 인재상을 확인하는 게 우선이다.

전국 단위로 선발하는 고교 유형에는 농어촌자율학교도 있다. 일반고와 유사하지만 교육과정이 자율적이며 전교생 기숙사 체제로 뛰어난 입시 실적을 보여주면서 주목받고 있다. 대표적으로 공주사대부고, 한일고, 거창대성고, 거창고, 남해해성고 등이 있다. 일부 학교는 2단계 자기주도학습 전형을 포함한 자소서 면접을 진행하기도 하지만, 대다수 학교는 교과 성적과 출결 점수를 합산하여 학생을 선발한다. 비학군지 평준화 지역 학생들에게는 괜찮은 선택지이지만, 다른 후기 고등학교와 동시에 지원할 수 없으므로 유의해야 한다.

전사고와 농어촌자율학교를 선택할 때 지역인재 전형을 고려하는 경우도 있는데 이 경우라면 지역인재 선발 요건을 반드시 확인해야 한다. 지역인재 조건이 기존 3년에서 6년(비수도권 중학교와 해당 지역의 고등학교 과정을 이수한 자)으로 강화되기 때문이다. 수도권 거주 학생 중 지역인재 전형을 고려하는 경우라면 중학교에 입학하기 전에 해당 지역으로 전학을 가야 하고, 고등학교도 해당 지역에서 졸업해야 한다.

## 광사고

광사고(광역 단위 모집 자립형 사립 고등학교)는 권역별로 위치한 자사고로 해당 지역 학생만 지원할 수 있다. 예를 들어 서울에 있는 광사고는 서울에 거주하는 아이만, 부산에 있는 광사고는 부산에 거주하는 아이만 지원할 수 있다. 전형 방식을 보면 1단계에서 교과 성적과 출결 점수를 합산하고, 2단계에서 면접을 통해 선발한다. 교과 성적 반영 비율과 출결 반영 방식은 학교마다 차이가 나므로 학교별 입시 요강을 확인해야 한다. 2단계 면접은 전사고와 마찬가지로 자소서를 기반으로 진행되지만, 경쟁률이 1.2 대 1 이하면 추첨으로 선발한다.

광사고 인기가 점차 떨어지면서 정원을 채우지 못한 학교도 등장했지만 '2028 대입 개편안'이 발표되면서 광사고가 혜택을 받을 거라는 예측이 나오자 인기가 반등하고 있다. 그렇다 해도 면접이 아주 어렵지는 않으므로 3학년 2학기 기말고사를 마친 후에 집중적으로 준비해도 입시를 치르는 데 문제없다.

광사고는 학업 성취나 입학 실적이 학교마다 크게 차이 난다. 내신 경쟁이 전사고 못지않게 심한 곳이 있는가 하면, 일반고와 비슷한 수준인 곳도 있다. 전반적으로 볼 때 대치권 광사고를 제외하면 전사고보다는 내신 경쟁이 덜하고 일반고보다는 면학 분위기가 좋은 편이므로 상위권 이과형 학생이라면 고려할 만한 카드다.

## 외고와 국제고

2025학년부터 '외국어·국제 계열 고등학교' 유형이 신설되면서 외고와 국제고가 통합된다. 외고도 국제고처럼 국제정치, 국제경제 등 국제 계열 전문교과를 개설할 수 있고, 72시간으로 의무화한 외국어 전문교과 이수 단위도 자율적으로 조정할 수 있다. 사실상 외고와 국제고가 통합되면 그간 전국 단위로 학생을 모집해 온 국제 고는 광역 단위 학생 선발로 전환해야 한다. 대다수 지역에 외고 또 는 국제고가 있으므로 강원도와 광주광역시를 제외한 곳의 외고와 국제고는 모두 광역 단위로 바뀔 전망이다.

외고와 국제고는 이름 그대로 '외국어 인재'와 '세계적 인재'를 육 성하는 학교다. 외국어와 국제 계열 전문교과에 특화된 교육과정을 운영하는 만큼 문과형 학생에게 더 적합한 학교다. 물론 국제고 학 생 중에는 이과 계열에 지원하는 학생도 있고 학교에서 이과 계열 교과과정을 준비할 수 있지만, 영재학교·과학고·전사고 교육과정과 비교하면 깊이가 낮다. 그렇다고 수학과 과학을 못해도 된다는 말 은 아니다. 국어, 영어, 사회 같은 문과형 과목에 좀 더 실력을 발휘 할 수 있는 학생에게 적합하다는 의미다.

두 학교는 외국어 공부를 잘할 수 있는 학생과 외국어 또는 국제 이슈에 흥미가 높은 학생을 선호하지만, 그보다 더 중요하게 보는 부분이 '문과형 학습력'이다. 외고와 국제고 학생이 모두 대학의 어 문·국제 계열만 지원하는 게 아니기 때문이다. 실제로 외고나 국제 고의 상위권 학생은 어문 계열보다 사회과학 계열이나 상경 계열을 더 선호한다. 당장 학교에 개설되는 동아리나 프로그램만 봐도 어 문 계열보다 사회과학 계열이나 상경 계열이 많다. 외고·국제고에 어울리는 학생은 문과형 학습, 즉 경제 분야나 인문·철학·사회·국제 분야 등을 잘 학습할 수 있는 학생인 셈이다.

2028 대입 개편안이 발표된 후로 외고·국제고의 인기는 높아지

고 있다. 일단 외고·국제고는 일반고와 비교하면 생기부가 탁월하게 기술된다. 2024학년도 대입을 보면, 외고 학생들이 문과 계열만 주로 지원하는데도 대원외고가 50명대, 명덕·한영·대일 외고가 20명대의 서울대 입시 실적을 달성했다. 이 말은 외고가 문과형 학종을 치르기에 가장 적합한 생기부를 만들어낼 줄 안다는 뜻이다. 이런 상황에서 외고가 국제 계열 과목까지 더하게 되면 더욱 차별화된 생기부를 만들어낼 수 있다.

지금까지 외고는 어문 계열에 집중된 교육과정만으로도 사회·상경 계열은 물론 모든 문과 계열에 대한 대응력이 높았다. 한데 어문 과목 시수를 줄이고 일반 과목 시수를 늘릴 수 있게 되면 문과 계열 경쟁력은 그야말로 독보적일 것이다.

무전공 선발 확대도 외고·국제고에 날개를 달아준다. 무전공 선발은 의약학 계열처럼 전문 자격증과 연계되는 학과를 제외하면 어느 학과든 선택을 보장하므로 그간 외고·국제고 학생들에게는 막혀 있던 이과 계열 전공도 늘어날 것으로 보인다. 이런 점에서 전사고 만큼은 아니지만 외고·국제고도 지금보다는 더 다양한 우수 인재를 확보할 수 있을 것으로 기대한다.

외고·국제고 역시 학생 선발 시 1단계에서 교과 성적과 출결 점수를 합산하고, 2단계에서 면접을 진행한다. 학교마다 조금 차이가 나지만 성적은 영어 내신이 기준이다. 다만 동점자가 생기면 최근 학기 국어와 사회 교과 성적을 반영한다.

2단계 면접 내용은 자기주도학습과 인성 평가로 영재학교·과학고·전사고에 비해 단순하다. 예를 들어 서울권 6개 외고의 면접은 모두 비슷한 형식인데 질문 4개를 6분 동안 답하는 형식이다. 질문 당 1분에서 1분 30초 정도로 답해야 하므로, 내용이 깊지는 않다. 주제 역시 특정 영역에 집중되기보다 골고루 나오는 편이다. 영재학교·과학고·전사고가 한 분야에 대한 깊이 있는 지식을 갖춘 스페셜리스트를 원하는 반면, 외고·국제고는 보편적인 지식을 갖춘 제너럴리스트를 원하는 학교임을 보여주는 대목이다.

외고·국제고의 인기가 지금보다 올라가겠지만 전사고만큼 입시 경쟁률이 높아지지는 않을 것이다. 입시 경쟁률이 1.5 대 1을 넘기지 않으면 1단계에서 성적이나 출결로 불합격하는 경우가 거의 없으므로, 면접을 통한 변별이 전부라고 봐도 무방하다. 이런 이유로 외고·국제고는 영재학교·과학고·전사고를 준비하는 아이들에 비해 고입 준비를 늦게 시작한 아이도 충분히 도전해 볼 수 있는 학교다.

## 일반고 (교육 특구에 있는 일반고, 과학 중점학교, 일반고)

변화하는 입시 상황에서 일반고 역시 우리가 집중해서 봐야 할 학교 유형 중 하나다. 특히 일반고는 '일반고'라는 항목 안에 성격과 특성이 매우 다른 학교들이 묶여 있으므로 세심한 관찰과 탐색이 필요하다. 따라서 교육 특구에 있는 일반고, 과학 중점학교, 일반고를 나눠서 살펴보자.

먼저 교육 특구에 있는 일반고(교육 특구가 아니더라도 아이들 사이에서 '갓반고'라고 불리는 학교들은 비슷한 특징이 있다)는 면학 분위기가 특징이다. 학구열이 높은 지역이라 다른 지역의 일반고에 비해 입학하는 아이들의 학업 의지가 높다. 그만큼 내신 경쟁이 치열하지만, 일반고와 교육과정이 비슷해 생기부는 차별화하기 어렵다. 이런 이유로 수시보다는 정시 실적이 높은 학교가 많다. 자사고처럼 기숙사 생활을 하지 않아도 되므로 사교육 인프라를 그대로 활용할 수 있다는 장점도 있다.

다음으로 과학 중점학교를 살펴보자. 영재·과학고만큼은 아니지만, 수학과 과학 교육에 중점을 둔 학교다. 과학중점과정을 선택하면 과학교양, 과학융합 과목 등 다양한 교육과정을 이수할 수 있고, 차별화된 비교과 활동을 더할 수 있어 생기부를 차별화하기에 좋다. 수·과학을 잘하는 자녀를 둔 부모라면 영재학교 → 과학고 → 전사고 또는 과학 중점학교 순서로 지원하려는 경향이 있다. 부모의 가치관과 아이의 의지에 따라 정한 순서이겠지만 나는 이 과정을 추천하지 않는다. 영재학교, 과학고, 전사고, 과학 중점학교는 각각 추구하는 인재상이 다르기 때문이다. 플랜 B를 고려하더라도 아이의 역량에 맞춰 한두 군데로 좁혀야 최상의 결과를 얻을 수 있다.

앞서 말했듯 영재·과학고는 과학 인재를 길러내려는 학교이다 보니 수·과학 분야의 심화·탐구력과 창의·융합 역량이 뛰어난 아이에게 유리하다. 반면 전사고는 융복합 인재를 길러내려는 학교이다 보니 수·과학은 기본이고 전 과목에서 두루 우수한 역량을 발휘할 수 있는 아이에게 유리하다. 이 부분은 학교 홈페이지에서 제공하는 교육과정 편제표를 확인하면 바로 알 수 있다.

과학 중점학교는 과학고보다는 늦지만 일반고와 비교하면 과학 진도가 매우 빠르다. 과학고에 비해 생기부 경쟁력은 낮지만 내신 경쟁이 덜해 교과를 쓰거나 정시 지원을 하기에 유리하다. 반대로 일반고와 비교하면, 생기부 경쟁력은 높지만 면학 분위기가 좋은 만큼 내신 경쟁은 더한 편이라 학종을 쓰기에 유리하다. 따라서 빠른 과학 진도도 어렵지 않게 따라가고 전 과목 내신도 성실하게 잘 관리할 수 있는 아이라면 과학 중점학교가 적합하다. 이 학교에 합격했다면 과학 선행 학습을 어느 정도 하고 입학하길 권한다.

마지막으로 평범한 일반고를 살펴보자. 자사·특목고와 일반고를 비교할 때 일반고가 유리한 요소는 내신 성적이다. 2028학년도 입시 역시 주요 전형은 수시(교과, 학종, 논술)와 정시(수능)다. 이 중 교과 전형은 지금처럼 내신 등급만으로 뽑지 않겠지만 여전히 과목별 내신 성적이 핵심 지표가 될 수밖에 없다. 즉, 교과 전형의 주인공은 내신 성적을 가장 잘 받을 수 있는 일반고 학생, 그중에서도 평범한 일반고 학생이 될 거라는 말이다.

정시를 노린다면 교육 특구에 있는 일반고에 들어가는 게 낫지만 자사고 학생 및 N수생와 맞붙어야 하고, 학종을 노린다면 과학 중점학교에 들어가는 게 낫지만 자사·특목고 학생과 맞붙어야 한다. 반면 교과 전형을 노린다면 압도적으로 일반고가 낫고 그중에서도 평범한 일반고가 유리하다. 물론 아이가 아직 중학생이라 어느 전형에 맞는 아이일지 알기 어렵지만 대략 가늠해 볼 수는 있다. 과목별 호불호가 없고, 분위기에 휩쓸리지 않으며, 자기 공부를 성실히 잘해나가는 아이라면 평범한 일반고도 추천한다.

평범한 일반고는 워낙 수가 많다 보니 지역별로도 학교별로도 편차가 크다. 평범한 일반고로 마음을 정해도 그중에서 또 어디를 가야 할지 헷갈리는 이유다. 정답은 없지만 몇 가지 고려 요소를 살펴보면 다음과 같다.

첫째, 학생 수가 200명 이상이면 좋다. 고교학점제에서는 상대평가 과목이 대다수다. 과목 수가 많다 보니 학년이 올라갈수록 소수 학생만 듣는 과목이 늘어나는데, 이때 수강생이 적으면 한두 문제 차이로 등급이 갈리는 일이 자주 생긴다. 둘째, 면학 분위기가 조성되지 않는 학교는 피해야 한다. 아무리 분위기에 휩쓸리지 않는 아이라고 해도 학교 분위기를 완전히 무시할 수는 없다. 특히 청소년기 아이들은 어떻게 변할지 알 수 없으므로 학교 분위기를 확인해야 한다. 셋째, 집에서 가까울수록 좋다. 평범한 일반고일수록 지역 균형 전형이나 교과 전형을 노리고 오는 최상위권 아이들이 생각보다 많다. 이 아이들과 경쟁하려면 시간과 체력을 확보해야 하는데 그러자면 학교가 집에서 가까워야 한다. 사교육을 이용하는 경우라면 집과 학원을 오가는 거리도 점검해야 한다.

## 학교 정보 꼼꼼하게 확인하기

자사고, 특목고, 일반고의 특징을 알아도 여전히 헷갈릴 수 있다. 그나마 자사고와 특목고는 입학 설명회를 열지만, 일반고는 따로 입학 설명회가 없다 보니 직접 찾아봐야 한다. 이때 도움을 받을 수 있는 교육 정보 사이트가 '학교알리미'다. 자사고나 특목고를 염두에 두었어도 입학 설명회에 가기 전에 들여다보면 좋고, 일반고 역시 지망하는 곳을 몇 곳 골라 면밀하게 들여다보면 좋다. '학교알리미'에서 확인해야 할 부분을 살펴보자.

❶ 학교알리미 사이트(https://www.schoolinfo.go.kr)에서 [전국학교정보]-[학교별 공시정보]를 클릭한다.

❷ [학교급] → [시/도] → [시/군/구] → [학교]를 차례대로 선택하고 [검색] 버튼을 클릭한다. 검색 창에 학교 이름을 넣어 검색해도 바로 찾을 수 있다.

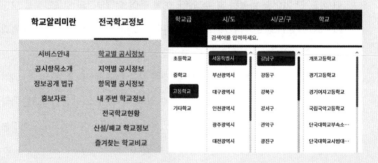

❸ 해당 학교의 학사 일정, 학생 현황, 성별 학생 수와 같은 기본 정보를 알 수 있다. 스크롤 바를 내리면 [공시정보] 항목이 나타난다. 하위 항목에서 [교육활동] 자료 중 '학교교육과정 편성·운영 및 평가에 관한 사항'을 선택하면 해당 연도의 교육과정 편성표를 확인할 수 있다.

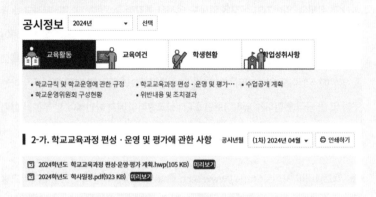

편성표는 현재 고등학교 1학년 교육과정을 보여주므로 편성표를 보면 그 학교의 특징을 가장 잘 파악할 수 있다. 원하는 학교 몇 곳의 편성표를 비교해 보면 학교 간 차이를 확실히 알 수 있다. 예를 들어 외대부고의 교육과정을 보면 AP(Advanced Placement, 대학 과목 선이수제) 과목 같은 학종에 유리한 과목과 확률과 통계 같은 수능 과목이 둘 다 보인다. 수시와 정시 중 한쪽에 치우치지 않는다는 것을 알 수 있다. 반면 하나고는 AP 과목 같은 학교 특성이 잘 드러나는 과목이 눈에 띈다. 학종에 유리한 학교임을 알 수 있다. 이외에도 과학 중점학교는 과학 과목이 눈에 띄게 많고 시수도 많이 잡혀 있음을 알 수 있다. 상대적으로 일반고는 대부분 비슷한 교육과정이 채택된 것을 알 수 있다.

이외에도 확인해야 할 항목을 정리하면 다음과 같다. 단, [공시정보]는 다음 해에 이전 정보가 뜨는 항목이 많으므로 2025년이라면 '2024년'으로, 2024년이라면 '2023년'으로 바꾸고 확인하자. 다음 그림과 같이 연도를 2024년에서 2023년으로 바꾸자 하위 항목도 4개에서 6개로 바뀌고, 그중 [교육활동] 항목을 보면 공시 자료가 5개에서 10개로 늘어난 것을 알 수 있다.

모든 내용을 하나하나 뜯어봐도 좋지만, 다음 내용 정도는 반드시 확인하자.

- **[교육활동]**
  ① '학교교육과정 편성·운영 및 평가에 관한 사항'에서 교육과정 편성표를 확인한다.
  ② '교육운영 특색사업계획'에서 해당 학교만의 특별한 프로그램이 있는지 확인한다.
  ③ '교과별(학년별) 교과진도 운영계획'에서 수업 과정을 확인한다.
  ④ '동아리 활동 현황'에서 동아리 모집 시기, 창체(창의적 체험 활동) 동아리 수, 종류 등을 확인한다.

- **[학생현황]**
  ① '전·출입 및 학업중단 학생 수'에서 전입, 전출, 학업 중단, 학년별 학생 수 등을 확인한다.
  ② '졸업생의 진로 현황'에서 졸업자, 진학자, 취업자, 기타를 확인한다. 기타에는 N수생이 포함되어 있으므로 눈여겨봐야 한다. 일반화할 수 없지만 수시 비중이 높은 학교는 대학교 진학자가 많고, 정시 비중이 높은 학교는 기타가 많다.
  2023년 졸업생 중 전사고를 예로 들면, 외대부고는 대학교 진학자가 49.5퍼센트, 국외 진학자가 9.9퍼센트, 기타가 40.7퍼센트이지만 하나고는 대학교 진학자가 66.8퍼센트, 기타가 33.2퍼센트로 대학교 진학자 비율이 높다. 상산고는

대학교 진학자가 35.6퍼센트, 국외 진학자가 0.6퍼센트, 기타가 63.9퍼센트로 기타 비율이 매우 높고, 민사고는 대학교 진학자가 39.3퍼센트, 국외 진학자가 21.3퍼센트, 기타가 39.3퍼센트로 국외 진학자가 매우 높다. 이렇게 졸업생 진로 현황을 통해 학교별 특징을 짐작할 수 있다. 일반고는 학교마다 대학교 진학자, 전문대학 진학자, 취업자 진학자, 기타 비율의 편차가 크다. 일반화할 수 없지만 각 비율을 통해 학업 성취도를 어느 정도 짐작할 수 있다.

- **[학업성취사항]**

    ① '교과별(학년별) 평가 계획에 관한 사항'에서 지필 평가와 수행 평가의 횟수 및 반영 비율, 수행 평가의 종류와 시기 등을 확인한다.

    ② '교과별 학업 성취 사항'도 확인해 보자.

지원하고 싶은 학교를 직접 방문하거나 설명회를 듣는 것은 무조건 추천한다. 더불어 현재 그 학교에 다니는 아이를 둔 부모에게 정보를 얻는 것도 도움이 된다. 하지만 그전에 학교 홈페이지와 학교알리미에서 제공하는 정보를 확인하길 권한다. 가장 정확하고 객관적이며 공신력 높은 정보이기 때문이다. 처음 1개 학교의 정보만 볼 때는 잘 보이지 않던 것이 몇 학교를 비교해서 보면 훨씬 잘 보이는 것을 알 수 있다.

# 고입 준비 과정은
# 대입 모의고사다

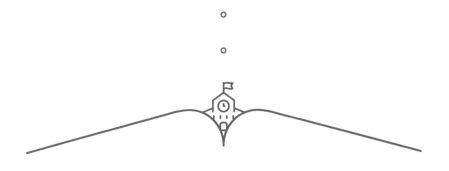

지금까지 대입과 고등학교 유형별 특징을 자세히 살펴보았다. 이제 원하는 고등학교에 들어가기 위해 중학생인 아이가 준비해야 할 것들을 하나씩 확인해 보자.

## 내신 성적 관리하기

고입의 첫 관문은 내신이다. 영재학교와 과학고처럼 별도 시험과 함께 면접을 보는 학교부터 자사고와 외고·국제고처럼 별도 시험 없이 면접을 보는 학교까지 모두 출결과 내신 성적이 기준을 통과해야 다음 기회가 주어진다. 내신 성적이 뒷받침되지 않으면 애초에 선택지가 없다는 말이다. 그 기준은 어느 정도일까? 대다수 고등학교가 중학교 4개 학기의 성적을 반영하는데 반영 과목과 성적에는 조금씩 차이가 있다. 대체로 전사고는 주요 과목에서 A등급을, 영재학교는 수학과 과학 비중이 가장 높지만 전 과목에서 높은 원점수를 요구한다. 과학고는 수학과 과학만큼은 A등급을, 외고·국제고는 영어에서 A등급을 요구한다.

하지만 아이들의 상황은 언제든 바뀔 수 있으므로 가능하면 주요 과목인 국어, 영어, 수학, 사회(역사), 과학에서 A등급을 받아야 한다. 가장 인기 있는 외대부고와 하나고의 경우 2학년 1학기부터 3학년 2학기까지 주요 5개 과목 중 한 과목이라도 B등급을 받으면 1단계를 통과할 수 없기 때문이다. 일단 4개 학기 5개 과목에서 A등급을 받아놓으면 어느 학교든 지원할 수 있으므로 그만큼 선택지를 넓힐 수 있다.

그렇다고 주요 과목의 내신 성적만 챙겨서는 곤란하다. 예체능이나 기타 과목이라도 성적이 지나치게 낮으면 2단계 관문을 통과할 때 문제가 될 수 있어서다. 실제로 자사고 면접에서는 기타 과목 성적이 낮은 학생에게 그 이유를 묻는 질문이 자주 나오는 편이다. 특별한 이유 없이 성적이 유독 낮은 과목이 있다면 전략적으로 주요 과목만 챙겼다는 오해를 살 수도 있고 이는 불성실한 학생이라는 이미지로 굳어질 수 있다. 따라서 주요 과목을 A등급으로 유지하되, 기타 과목도 관리해야 한다.

나는 아이들에게는 "내가 너에게 전교 1등을 하라는 것도 아니고,

전 과목에서 100점을 받으라는 것도 아니지 않으냐?"라며 너스레를 떨기도 한다. 그리고 "어쨌든 우리 주요 과목은 A를 유지하고 기타 과목도 손 놓은 느낌이 들지 않도록 관리하자!"라며 다독인다. 아이로서는 모든 과목을 골고루 신경 쓰기가 힘들 수 있다. 교육 특구의 중학교에 다니는 아이라면 더 어렵고, 평범한 중학교에 다니는 아이라도 유독 어려운 시험 과목이 있을 수 있다. 하지만 자사·특목고는 물론이고 일반고에 가서도 잘하려면 이 정도 학업 역량은 기본으로 갖춰야 한다. 고등학교는 1등급 비율이 10퍼센트이지만 중학교는 과목별 A등급 비율이 40퍼센트가 넘는 경우가 대부분임을 잊지 말자.

자사·특목고 입시를 마음먹었다면 내신 성적, 생기부, 자소서, 면접, 선행 학습 등 전반에 걸쳐 '멀티플레이어'가 되어야 한다. 그중 내신 관리는 기본 중 기본으로 운동으로 치면 준비운동과 같다. 준비운동에서 힘을 빼면 본 운동은 시작도 할 수 없다. 내신 시험을 준비하는 데 너무 많은 시간과 에너지를 쏟고 있다면 뭔가 잘못된 것이다. 아이의 일정과 시간을 되돌아봐야 한다. 분명 어디에선가 시간을 불필요하게 쓰고 있을 확률이 높다. 중학교 내신 관리 정도는 여유 있고 편안하게 할 수 있는 정도라야 다음이 있다는 걸 잊지 말자.

## 생기부 관리하기

대입 학종에서는 생기부 영향력이 매우 크지만, 고입에서는 생기부 영향력이 매우 낮다. 면접의 변별력이 워낙 높아 생기부를 따로 볼 필요가 없어서다. 그렇다 해도 중학생 때부터 생기부를 관리하는 습관을 들여야 한다. 중학교 시절에 생기부 구조와 평가 항목에 익숙해져야 고등학교에 입학한 후에 당황하지 않고 각 항목을 채울 수 있기 때문이다.

생기부에서 가장 중요한 것은 무엇인지, 그것을 어떻게 챙길 수 있는지, 그것은 어느 항목과 연관되는지 알아야 한다. 실제로 고등학교에 입학한 후에 생기부를 어떻게 관리해야 할지 몰라 정작 중요한 것은 놓치고 그다지 필요 없는 것에 시간을 들이는 아이가 많다. 관리 방법을 정확히 모르면 다른 사람 말에 휘둘리기도 쉽다. 익숙해지는 건 이만큼 중요하다. 반복해서 말하지만 고입은 대입의 출발이라는 사실을 잊지 말자.

생각보다 많은 아이가 중학교를 졸업할 때까지 생기부를 한 번도 안 봤다고 이야기한다. 특히 일반고만 준비하는 아이라면 굳이 나이스 홈페이지에 들어가서 생기부를 볼 일이 없기 때문이다(종업식 때 담임교사에게 받는 학교생활 통지표와 나이스에 입력되는 생기부 내용은 크게 다르지 않지만, 그렇다고 완전히 같지도 않다. 무엇보다 나이스에 입력되는 생기부 내용이 최종본이고, 이 생기부가 바로 대입에서도 쓰이는 서류다). 하지만 일반고에 갈 아이도 예외 없이 생기부를 관리해야 한다.

지금 자녀가 몇 학년이든 상관없이 학교생활기록부를 출력해 보자. 그리고 아이와 함께 꼼꼼하게 들여다보자. 생기부가 어떤 구조로 짜여 있는지 알면 생기부를 어떻게 관리해야 할지 감이 오기 때문이다. 자사·특목고를 준비하는 아이라면 어느 부분을 어떻게 채울지 미리 계획해 볼 수 있다. 일반고를 준비하는 아이라도 생기부를 주기적으로 출력해 보길 권한다. 출력해서 하나하나 점검해 보면 이후에 생기부를 어떻게 관리해 나갈지 방향이 보이기 때문이다.

이 과정을 거친 아이와 거치지 않은 아이는 고등학생이 되었을 때 차이가 날 수밖에 없다. 고등학교 생기부는 몰라서 못 챙겼다는 말이 통하지 않는다. 다들 평소처럼 지내는 듯 보이지만 중학생 때 생기부를 관리해 본 아이들은 능숙하게 챙겨나간다. 반면 고등학생이 되어서야 생기부를 처음 본 아이는 도대체 어떻게 관리하는지 몰라 갈팡질팡하며 시간을 보내는 경우도 많다.

생기부는 '나이스 대국민서비스(학부모서비스)' 홈페이지와 '정부24' 홈페이지 또는 앱에서 열람할 수 있다. 증빙 및 제출용이라면 정부24 홈페이지나 앱에서 검색어로 '학교생활기록부' 또는 '생기부'를 입력한 후 [발급하기]를 이용하자(개인 인증 필수). 출력한 생기부는 다음과 같이 여덟 가지 항목으로 나뉘어 있다.

## | 생기부 출력 항목 여덟 가지 |

| | | |
|---|---|---|
| 1. 인적·학적사항 | 이름, 성별, 주민등록번호, 주소, 학적 사항, 특기 사항 | |
| 2. 출결상황 | 학년, 수업일수, 결석일수(질병/미인정/기타 순), 지각, 조퇴, 결과, 특기 사항 | |
| 3. 수상경력 | 학년, 학기, 수상 명, 등급(위), 수상 연월일, 수여 기관, 참가 대상(참가 인원) | |
| 4. 창의적 체험활동상황 | 창의적 자율활동 | 학년, 영역((자율활동/동아리 활동/진로 활동 순), 시간, 특기 사항 |
| | 봉사활동 실적 | 학년, 일자 또는 기간, 장소 또는 주관 기관명, 활동 내용, 시간, 누계 시간 |

| | 자유학기 | 학기, 교과, 과목, 성취도(수강자 수), 세부 능력 및 특기 사항 |
|---|---|---|
| 5. 교과학습발달상황 | 체육·예술 (음악/미술) | 학기, 교과, 과목, 성취도, 세부 능력 및 특기 사항 |
| | 일반학기 | 학기, 교과, 과목, 원점수/과목 평균, 성취도(수강자 수), 세부 능력 및 특기 사항 |
| 6. 자유학기활동상황 | | 학년, 학기, 영역(진로 탐색 활동, 주제 선택 활동, 예술·체육 활동, 동아리 활동), 시간, 특기 사항 |
| 7. 독서활동상황 | | 학년, 과목 또는 영역, 독서 활동 상황(도서명) |
| 8. 행동특성 및 종합의견 | | 학년, 행동특성 및 종합의견 |

대입 특히 학종에서는 과목별 내신과 함께 세부 능력 및 특기 사항이 적힌 '5. 교과학습발달상황'과 '창체'로 부르는 '4. 창의적 체험 활동상황'이 매우 중요하지만, 고입에서는 생기부가 합격과 불합격을 가르지는 않는다. 그나마 '2. 출결상황'과 '7. 독서활동상황' 정도가 영향을 미치지만, '4. 창의적 체험활동상황'의 자율활동/동아리 활동/진로 활동/봉사 활동 항목, '5. 교과학습발달상황'의 세부 능력 및 특기 사항, '8. 행동특성 및 종합의견' 항목도 살펴볼 수밖에 없다. 자소서를 적을 때 반영할 수 있는 항목이기 때문이다.

이처럼 중학생의 생기부 관리는 대단한 것이 아니다. 앞서 말했듯이, 성적은 챙겨야 하지만 나머지 항목은 감점을 받을 정도로 크게 문제되는 수준만 아니면 된다. 문제되는 수준이란 불성실해 보이는 미인정 결석·지각·조퇴, 학폭위 소집, 인성을 의심하게 할 만한 이벤트 등을 말한다. 종합의견에서는 '불성실하다'라거나 '협동성이 없다'와 같은 극단적인 내용만 없으면 문제되지 않는다.

## 선행 학습과 심화 학습

자사·특목고를 준비하는 부모님에게서 가장 많이 받는 질문이 '선행 학습'이다. 나 역시 아이가 고등학교에 적응하는 데 가장 중요한 요소로 선행 학습을 꼽는다. 오해하지는 말자. 선행 학습은 중요하지만, 선행 학습의 정도는 학교마다 다르고 절대적인 것도 아니다. 예를 들어 영재·과학고라면 수학 진도가 워낙 빠르고 내용도 깊이 있으므로 선행 및 심화 학습 정도도 빠르고 깊어야 한다. 하지만 자사·특목고나 일반고라면 이야기가 달라진다.

고등학교 입학 전에 미적분까지 공부했다고 해서 이후에도 수학을 잘할 수 있는 건 아니다. 특히 개편된 수능과 내신을 적용받는 아이라면 더욱 그렇다. 일단 수학 범위가 눈에 띄게 줄었다. 35쪽에서 살펴본 것처럼 수능 수학은 대수(이전 수학 I 범위), 미적분 I(이전 수학 II 범위), 확률과 통계에서 출제된다. 선택 과목이던 미적분 II(이전 미적분 범위)와 기하가 범위에서 사라졌다. 대학마다 이공 계열을 지원하는 학생에게 필수·권장 과목으로 미적분 II나 기하를 이수하도록 요구할 수 있지만 대학별 세부 모집 요강은 고2가 되어야 알 수 있다. 사회·과학 탐구 과목도 마찬가지다. 수능 탐구는 통합사회와 통합과학으로 범위가 확 줄었다. 내신 역시 대학에서 이공 계열을 지원하는 학생에게 물리, 화학, 생물, 지구과학 중 필수·권장 과목을 지정할 수 있지만, 이 또한 고2는 되어야 알 수 있다. 선행 학습에서 속도도 속도이지만 질, 즉 '심화'가 강조되는 이유다.

자사·특목고 아이들에게 선행 학습은 어떤 의미일까? 자사·특목고에 입학한 아이는 중학교 때와 완전히 다른 세상을 만난다. 일방향적 수업을 받다가 팀별 수업을 받고, 교과서로 충분한 수업을 받다가 다양한 부교재까지 섭렵해야 따라갈 수 있는 수업을 받기도 한다. 웬만하면 A등급을 받을 수 있었던 과목이 10퍼센트만 1등급을 받을 수 있는 과목으로 바뀌고, 내신뿐 아니라 모의고사까지 챙겨가며 공부해야 한다. 무엇보다 기숙사 생활을 하는 곳이라면 부모님과 사교육의 도움을 받기 어렵다. 더는 학원에 기댈 수도 의지할 수도 없다. 온전히 본인만의 공부법을 찾아야 한다.

이런 상황에서 고1 첫 시험을 봤는데 3등급 초반이 나오면 어떨까? 5등급제에서 3등급이라고 하면 깜짝 놀라겠지만, 괜찮다. 아직은 해볼 만하다. 자사·특목고에서는 상위 50퍼센트 안에 들면 어떻게든 수시를 써볼 수 있기 때문이다. 아이도 학교에 워낙 출중한 학생이 많다는 걸 알기 때문에 성적을 올리기 위해 노력할 것이다.

그런데 4등급이 나오면 어떨까? 아이와 부모 모두 가장 먼저 떠올리는 건 '성적 올리기'가 아니라 '리턴'이다. 일반고로 전학 가거나 아예 검정고시로 돌아서는 예도 있다. 자사·특목고는 스스로 선택하고 준비해서 온 학교라 한번 마음이 떠나면 억지로 다녀야 할 이유를 찾지 못하기 때문이다. 게다가 일반고에서 자사·특목고로 오려면 편입 절차를 거쳐야 하지만, 자사·특목고에서 일반고로 가는 것은 마음만 먹으면 할 수 있다 보니 항상 '리턴'의 유혹에 빠진다.

낯선 환경에 적응하는 일도 쉽지 않은데 시험 점수마저 생각만큼 나오지 않으면 리턴의 유혹을 뿌리치기가 힘들다. 선행 학습이 중요한 이유가 바로 이 때문이다. 첫 시험에 가장 크게 영향을 미치는 것이 선행, 그중에서도 수학 선행 학습일 때가 많다. 보통 4월 첫 시험은 모두가 학교 적응을 마치지 못한 상태에서 치른다. 아무래도 중학교 때까지 해온 공부가 성적으로 이어질 수밖에 없다. 특히 수학은 단시간에 완성하기 어렵고 심화 정도가 자사·특목고 아이들 간에도 차이가 난다. 그만큼 성적 격차가 많이 벌어지는 과목인 데다 단시간에 격차를 줄이기도 힘든 과목이다.

다시 말하지만, 선행 학습을 무조건 많이 하라는 이야기가 아니다. 선행 진도는 학교마다 차이가 있지만 현 고1 과정인 수학 상·하 정도면 적당하고, 오히려 심화가 중요하다. 하나고처럼 교과과정이 특수한 경우라면 선행 학습의 정도가 영향을 덜 끼치지만, 외대부고나 상산고에서는 영향을 좀 더 받는다고 알려져 있다. 물론 선행 학습을 전혀 하지 않고도 자사·특목고에 입학해서 잘하는 아이들이 있다. 하지만 매우 드문 경우라 일반화할 수는 없다.

이렇게 말하면 다른 과목의 선행 학습 정도도 궁금할 것이다. 나는 수학을 제외한 국어, 영어, 탐구 과목은 크게 신경 쓸 필요가 없다고 말한다. 상산고 같은 이과형 학교에서라면 2학년 이수 과목인 과학 진도가 매우 빠르므로 화학 I 이나 물리 I 을 선행 학습하는 아이들도 많지만 꼭 그래야 하는 건 아니다. 게다가 2028 대입은 완전히 다른 양상을 띠므로 오히려 선행 학습 진도를 늦추고 심화 학습에 좀 더 집중해야 한다고 말한다.

'선행은 ○○까지가 정답이다'가 없다. 아이의 소화력에 따라 속도와 양을 조절해야 한다. 입학하기 전에 어느 정도 선행 학습을 해 두면 좋지만, 입학 전 선행 학습보다 성적에 더 큰 영향을 끼치는 요소는 아이가 학교에서 얼마나 잘 적응하고, 생활하고, 공부하느냐다. 결국, 선행 학습은 '하면 좋고, 아니라도 어쩔 수 없다' 정도로 생각해야 한다. 중학교 시절 내내 전교 1등을 하고 선행 학습까지 누구보다 앞서 달렸는데도 학교에 적응하지 못해 힘들어하는 아이도 많다. 1순위는 언제나 학교 적응이다. 적응만 잘하면 좋은 학습 환경과 면학 분위기를 버팀목 삼아 조금 뒤처진 성적을 만회하고 어느 순간 치고 나가는 아이도 있다. 할 수 있는 데까지 하되 뒤돌아보지 말자.

## 독서 관리하기

독서 역시 어느 정도 신경 써야 할 항목이다. 독서에서 권수와 수준은 중요하지 않다. 독서는 아이의 성실성과 보편성을 보여주는 항목이지 특수성을 보여주는 항목이 아니기 때문이다. 지원하는 학교에서 '이 아이가 평범한 중3 또는 우리 학교에 지원하는 중3만큼은 독서를 하는 성실한 아이구나.' 정도로 판단할 수 있으면 충분하다. 사실 독서에서는 이게 핵심이다. 따라서 학교마다 차이는 있지만, 해당 학교를 지원하는 아이들의 평균 수준으로 독서량이나 수준을 맞추면 된다.

대입에서는 독서를 반영하지 않는다는 이야기를 들었을 것이다. 그런데 이 이야기가 고등학생 때 책을 읽지 않아도 된다는 말은 아니다. 대입 반영 항목에 해당하는 세특(세부 능력 및 특기 사항, 학생의 태도·역량·비교과 활동이 기록되는 부분), 창체(창의적 체험활동, 생기부에 기재되는 활동), 행특(행동특성 및 종합의견, 담임교사가 기록한 학교생활 관찰 및 평가)에 독서를 충분히 어필할 수 있기 때문이다.

대입의 학종과 고입의 자기주도학습 전형에서 핵심은 학업 역량과 심화 탐구 역량이다. 학과목과 연계하여 심화 탐구해 나가는 과정에서 가장 중요한 도구는 책이다. 보편적인 지식은 물론이고 전문적이고 깊이 있는 지식을 체계적으로 담아낸 매체로 아직까지 책을 넘어설 매체는 없기 때문이다. 책을 놓아서는 안 되는 이유다.

그런데 상담해 보면 시간이 없어 책을 읽지 못한다는 아이들을 만난다. 지금 시간이 없으면 앞으로는 더 없을 텐데 걱정스럽다. 이 와중에 중학생 때는 물론 고등학생이 되어서도 꾸준히 읽는 아이들이 있다. 결국, 독서는 시간이 아니라 관심의 문제다. 어떻게든 시간을 내서 꾸준히 한두 달에 한 권씩 읽는 습관을 들여보자. 모든 학습은 읽기에서 출발한다. 그래서 독서는 학업 역량과 직결되며, 심화 탐구 역량으로 확장된다. 수준 높은 책을 너무 많이 읽기보다 필요할 때 빠르고 정확하게 발췌해서 읽을 수 있을 정도로 꾸준히 읽는 습관을 들여놓자.

아무리 많은 고등학교가 있어도

내 아이가 갈 수 있는 학교는 한 곳이고,

우리는 그중에서 내 아이에게 가장 잘 맞는

고등학교를 찾아야 한다. 모두가 선망하는 명문고라도

내 아이에게 맞지 않으면 의미가 없다.

반대로 남들이 관심을 보이지 않는 학교라도

내 아이에게는 빛이 되어줄 학교일 수 있다. 맞춤옷을 제작하듯

내 아이에게 딱 맞는 고등학교를 꼼꼼하게 찾아보자.

**2장**
·····

# 내 아이에게 맞는
# 고등학교 선택 로드맵

# 내 아이
# 들여다보기

고등학교를 선택할 때 최우선은 언제나 '내 아이'다. 아무리 훌륭한 학교라도 내 아이가 가서 역량을 제대로 펼쳐내지 못하면 소용이 없기 때문이다. 물론 내 아이를 객관적으로 바라보는 것은 쉽지 않다. 하지만 이 글을 읽을 때만큼은 눈에서 콩깍지를 떼고 아이를 바라보자. 그래야 아이에게 더 잘 맞는 고등학교를 찾을 수 있다. 다만 너무 많은 요소를 고려하면 오히려 헷갈릴 수 있다. 중요한 요소 몇 가지를 살펴보면서 내 아이와 고등학교를 대입해 보자. 실마리가 잡힐 것이다.

# 성격과 성향

자사·특목고 입시 컨설팅을 받으려고 찾아오는 부모님에게 내가 가장 먼저 던지는 질문은 아이의 성적이나 진로가 아니라 '아이의 성향'이다. 그리고 성향을 최우선으로 고려해야 한다고 강조한다. 성향은 고입 과정에서도 중요하지만, 합격해 입학한 후에도 학교생활 적응 여부를 결정짓기 때문이다.

자사·특목고는 아이가 지금까지 다닌 학교들과 사뭇 다르다. 난 생처음 부모와 떨어져 기숙사 생활을 해야 하는 데다, 뛰어난 아이들이 많다 보니 매일 치열한 경쟁 상황에 내몰린다(물론 기숙사 생활을 하지 않는 곳도 있다). 중학교 때와는 다른 차원이라 아이들은 스트레스를 받는다. 특히 입학 초기에는 누구라도 압박을 심하게 받는데, 이 시기를 스스로 잘 이겨내야 학교생활을 잘해나갈 수 있다.

부모와 아이의 진학 의지를 꺾으려는 말이 아니다. 자사·특목고라는 특수한 환경을 미리 알고 준비하라는 말이다. 게다가 아이가 아직 어리다면 적응도를 높일 수 있는 자질을 차근차근 키워나가라는 말이기도 하다. 그래야 선택의 순간에 바른 선택을 할 수 있다. 계속 이야기하지만 자사·특목고가 옳은 선택지이고 일반고가 그른 선택지일 리 없다. 자사·특목고에서 빛을 발할 아이도 있지만 일반고에서 빛을 발할 아이도 있다. 서론이 길었다. 지금부터 자사·특목고에서 잘 적응할 수 있는 성향을 하나씩 살펴보자.

## 학교 활동에 활발하게 참여하고 있는가?

아이가 학교 활동에 적극적으로 활발하게 참여하는지 살펴보자. 자사·특목고과 일반고의 가장 큰 차이는 학교 프로그램이기 때문이다. 특히 하나고나 외대부고처럼 수시 실적이 좋은 학교에 들어간다면 학교 프로그램을 적극적으로 잘 활용해야 한다. 이런 학교에 입학만 하면 학교가 알아서 아이들을 챙겨줄 거라 오해하는 분들이 있는데 전혀 그렇지 않다. 이 학교들은 다양한 프로그램을 적절히 제공하지만, 그 좋은 프로그램을 아이가 '찾아 먹지' 못하면 아무 소용이 없다.

학교에서는 다양한 활동과 행사를 아이들이 참여할 수 있도록 깔아두지만, 아이들에게 하라고 강요하거나 종용하지 않는다. 하나고를 예로 들면, 아이들이 매주 학교 홈페이지에 들어가 현재 진행 중인 프로그램을 확인해야만 알 정도다. 물론 담당 교사의 스타일에 따라 참여를 권하기도 하지만 그렇다 해도 가만히 있는 아이의 입을 벌려서 떠먹여 주는 일은 없다. 이런 학교일수록 기숙사 생활을 하는 곳이 대부분이라 부모가 옆에서 챙겨주기도 힘들다. 즉, 아이가 스스로 활동을 찾아보고, 친구들에게 먼저 다가가 함께하자고 적극적으로 말할 수 있어야 한다.

이런 성향은 중학교 시절부터 충분히 드러난다. 중학교 때 방과 후 수업, 동아리, 대회 등에 적극적으로 참여한 아이라면 고등학교에 입학한 후에도 훨씬 잘 적응한다. 무언가 대단한 기록이 남는 활동이나 화려한 활동을 하라는 말이 아니다. 뒤에서 다시 이야기하겠지만, 고입에서는 활동을 기록하는 일이 그다지 중요하지 않다. 다만 다양한 활동에 꾸준히 참여하는 경험이나 친구들과 함께하는 학습 활동에 자주 노출되어 본 경험은 필요하다. 이런 경험은 고입 자소서에 녹여낼 수도 있거니와 이후 고등학교 학교생활 적응도와 밀접하게 관련이 있기 때문이다.

다만, 이왕 하는 활동이라면 학술적인 활동을 권한다. 학술적이라고 하면 꽤 거창해 보이지만 수학 탐구 동아리, 과학 토론 대회, 방과 후 영어 듣기 반처럼 과목명이 들어간 활동이 여기에 속한다. 고입과 대입에서 가장 중요하게 여기는 역량이 학업 역량인데, 학업 역량은 교과와 연계된 활동으로 드러나기 때문이다. 현재 중학교 아이들의 활동은 비교과 활동에 치우친 경우가 많은데, 이왕 하는 활동이라면 교과와 연계된 학술 활동에 참여하길 권한다. 중학교 때부터 학술 활동에 적극적으로 자주 참여하는 경험이 쌓이면 활동이 많은 자사·특목고에 가서도 자연스럽게 본인의 몫을 잘 챙기는 아이가 될 수 있다.

## 단체 생활과 집단학습에서 스트레스를 받지 않는가?

"아이가 쉴 때 주로 무엇을 하나요?" 이 질문도 내가 빠트리지 않고 부모님에게 건네는 질문이다. '그게 중요한가?'라는 눈빛을 보내는 부모들에게 "꽤 중요한 부분이에요."라고 말한다. 실제로 아이의 특목고 생활에 영향을 미치는 요소이기 때문이다.

자사·특목고에 입학한 제자들이 자주 하는 말이 있다. "선생님, 이 학교는 변기에 앉아 있는 시간을 빼면 혼자 있을 수 있는 시간이 없어요. 아침에 눈 떠서 눈 감을 때까지 계속 친구들이 옆에 있어요." 그만큼 단체 생활이 많다는 뜻이기도 한데, 그런 환경에서도 마음을 다지며 공부해 나가는 아이들을 보면 놀랍기도 하다.

실제로 자사·특목고 홈페이지를 들여다보거나 설명회에 가보면 학교가 준비한 다양하고 다채로운 활동들로 가득하다. 국제 학술 심포지엄, 디베이트 포럼, 소수 운영 동아리, 명사 초청 특강 등 어떻게 이런 활동을 다 운영할 수 있는지 놀랄 정도다. 하지만 이 많은 프로그램도 결국 스스로 찾아서 참여해야 내 것이 된다. 그만큼 적극적이고 활동적이라야 한다.

더불어 자사·특목고는 외향적인 학생에게 유리하다. 혼자 있을 시간과 장소가 절대적으로 부족하기 때문이다. 외향적인 아이들은 친구들과 어울리며 에너지를 얻는다. 여러 사람이 함께하는 활동을 마냥 즐기지는 않지만 적어도 불편해지지는 않는다. 외향형 아이들은 친구들과 자극을 주고받으며 성장하는데, 자사·특목고는 이런 아이들을 위해 존재하나 싶을 정도로 매 순간 자극을 주고받는 활동들로 프로그램을 채워놓았다.

반대로 혼자 있는 시간이 매우 중요한 아이들이 있다. 학교생활도 잘하고 친구 관계도 원만하지만 다른 아이들과 함께할 때 에너지 소모가 너무 큰 아이들이다. 이런 아이는 혼자만의 장소에서 충전하는 시간이 꼭 필요하다. 친구랑 어울리고 활동하는 것보다 혼자 뭔가 부스럭거리며 만드는 것에서 행복감과 성취감을 느낀다. 또 친구와 경쟁하기보다 자신의 목표를 만들고 그 목표를 달성하기 위해 계획을 세우고 실천해 나간다. 혼자서는 잘하는데 여러 명과 함께하면 뭘 어떻게 해야 할지 모르겠다고 하기도 한다. 내향적이고 독립적인 아이다.

내향적이고 독립적인 성향이 강한 아이라면 단체 생활을 기본으로 해야 하고 집단학습이 많은 자사·특목고 생활이 부담스러울 수 있다. 타인과 함께하는 활동에서는 본인이 통제하기 어려울 때가 많은데, 이 아이들은 이런 상황을 매우 불편해하거나 불안해한다. 이 과정에서 얻은 스트레스와 불안을 혼자만의 공간으로 들어가 해소해야 하는데 자사·특목고에서는 스트레스를 풀 시간도 장소도 부족하다 보니 아이가 힘들어할 수 있다.

대입의 핵심은 성적이고 성적이 잘 나오려면 환경과 생활이 안정적이라야 한다. 심리적으로 불안정한 상태에서는 학업을 제대로 수행할 수 없기 때문이다. 자사·특목고는 학교별 개성이 뚜렷하고 고유의 시스템을 갖추고 있다. 하지만 아무리 훌륭한 시스템이라도 아이와 맞지 않을 수 있다. 무조건 맞추라고, 버티라고 해서는 곤란하다. 아이가 마음 편히 공부할 수 있는 곳이라야 가장 좋은 결과로 돌아온다. 아이를 보내려는 학교에 대해 정확히 알아보고, 이 학교가 내 아이와 잘 맞을지 아이 성향과 맞춰보자.

## 칭찬을 동력 삼아 움직이는가?

자사·특목고에서는 경쟁 상황에 자주 노출되는 만큼 아이의 정신력이 강해야 한다고 말한다. 그런데 정신력이 강하고 약한 것을 어떻게 알 수 있을까? 나는 '외부 자극에 대한 아이의 반응'으로 살필 수 있다고 말한다. 특히 부정적인 외부 자극에 대해 아이가 어떻게 반응하는지를 살피라고 한다.

"선생님, 우리 아이 칭찬 많이 해주세요. 저희 아이는 칭찬을 받아야 신이 나서 더 열심히 해요. 부족한 점이 많겠지만 그래도 칭찬 부탁드려요." 상담할 때 꽤 자주 듣는 말이고, 부모가 어떤 마음으로 하는 말인지도 잘 안다. 하지만 어떤 수업이라도 계속 칭찬만 들을 수는 없다. 자사·특목고 대비 수업이라면 더욱 그렇다. 특히 자소서와 면접 수업은 처음부터 잘하는 아이가 드물다. 칭찬을 듣기보다 훨씬 더 많은 지적을 받아내야 하는 수업이다. '나에게 부족한 부분을 직면할 용기'가 있어야 나아갈 수 있는 수업이다.

나한테 부족한 부분을 외면하지 않고 메워나갈 수 있어야 자사·특목고에 가서도 적응할 수 있다. 자사·특목고에는 중학교에서 내로라하던 아이들이 모인다. 전방위적으로 뛰어난 아이도 많고 한 영역에서 두각을 드러내는 아이도 많다. 그런 아이들을 볼 때마다 자신이 점점 작아지기도 한다. 그나마 평소에도 잘하지 못한 영역이라면 오히려 낫다. 지금껏 스스로 꽤 잘한다고 여기고 남에게도 칭찬받아 온 영역에서 뒤처지면 마음의 근간이 흔들린다.

밖에서 보면 '면학 분위기가 뛰어난 학교'이지만, 안에서 생활하는 아이들에게는 '매 순간 경쟁에서 살아남아야 하는 게임장'일 수 있다. 누가 일부러 비교하지 않아도 스스로 비교하기도 한다. 옆으로 살짝만 눈을 돌려도 나보다 더 열심히 하는 아이와 잘하는 아이가 보이니 자신만의 페이스를 잃어버리기도 한다. 그럴 때마다 얼른 마음을 추스르고 일어서야 한다.

더는 옆에서 칭찬하는 사람도 응원하는 사람도 없을 수 있다. 평소 칭찬받아야 움직이고 응원받아야 힘을 내는 아이라면 자사·특목고가 지나치게 가혹하고 차갑게 느껴질 수 있다. 그간 받아온 칭찬이나 응원을 한 번도 못 받을 수 있기 때문이다. 아이는 점점 더 지치고 슬프고 힘들어진다. 이런 상태라면 학업을 이어나가기가 어렵다.

칭찬은 고래도 춤추게 한다. 칭찬을 싫어할 아이는 없고, 칭찬을 들으면 누구라도 더 열심히 노력한다. 하지만 세상을 살아가면서 매번 칭찬을 받을 수는 없다. 자사·특목고에서는 더하다. 아무 말 없이 넘어갈 때가 대부분이고 칭찬은커녕 지적이 따르기도 한다. 그럴 때마다 멈출 수는 없다.

자사·특목고에서는 남이 뭐라 하든 목표를 향해 끈기 있게 나아가는 아이라야 적응하고 살아남는다. 자사·특목고를 준비하는 아이라면 동력을 타인이 아닌 내 안에서 만들 수 있어야 한다. 칭찬과 인정 같은 긍정적인 외부 자극이 없어도 묵묵하게 제 갈 길을 걸어갈 아이인지, 지적이나 질책 같은 부정적인 외부 자극을 받아도 담담하게 받아들이며 길을 수정해 나갈 아이인지 확인해 보자.

# 성적과 진로

어떤 유형의 학교를 목표로 삼고 달리든, 결국 최종 선택을 해야하는 순간이 온다. 이때 가장 먼저 짚어볼 요소는 성적과 진로다. 성적이 높다고 합격하는 것은 아니지만 성적이 낮으면 서류조차 낼수 없기 때문이다. 진로도 마찬가지다. 진로가 인문·사회·상경 계열이냐, 자연·공학 계열이냐, 의약학 계열이냐에 따라 완전히 갈리기때문이다. 하나씩 짚어보자.

## 최상위권인가, 상위권인가?

최상위권 학생은 또래 집단에서 학업 역량이 1퍼센트 안에 드는아이다. 학교별 편차 정도와 잠재 역량까지 고려하면 전교 1등이라도 최상위권이 아닐 수 있고, 전교 5등이라도 최상위권일 수 있다. 최상위권인 아이가 가장 먼저 고려하는 학교는 영재학교와 과학고다. 영재·과학고는 수·과학에 특화된 교육과정으로 운영된다. 자사고나 일반고에서 하기 힘든 심화·탐구 수업과 연구 활동이 진행되므로 차별화된 생기부를 얻을 수 있다. 영재·과학고 학생 대다수가 학종으로 대학에 진학하는 것도 이 때문이다. 다만 의약학 계열을 고려하는 경우라면 영재·과학고는 제외해야 한다. 56쪽에서 살펴보았듯이, 영재·과학고는 의약학 계열을 지원하는 학생에게 불이익을 주고 있고 이런 흐름은 앞으로 더욱 강화될 예정이기 때문이다.

최상위권에서 의약학 계열까지 고려하는 아이라면 자사고와 일반고를 두고 고민해야 한다. 자사고는 경쟁이 치열한 만큼 내신에서 불리하지만, 생기부 관리가 잘되는 편이라 학종에 유리하다. 반면 일반고는 경쟁이 덜해 극상위권 내신 성적을 받을 수 있지만, 생기부 관리가 덜 되는 편이라 교과에 유리하다. 학종과 교과 모두 수능 최저를 강화하는 대학이 많으므로 수능도 고려해야 한다. 수능을 염두에 둔다면 자사고인지 일반고인지를 따지기보다 학교별로 수능 연계 수업이 많은지 적은지, 수능과 모의고사를 대비하는 분위기인지 아닌지를 봐야 한다. 대체로 면학 분위기가 좋고, 수능 연계 수업이 많고, 정시 실적이 좋은 자사고와 교육 특구의 일반고에서 수능 대비가 잘되는 편이다.

사실, 최상위권 아이라면 너무 고민하지 않아도 된다고 말한다. 이 아이들은 학업 역량도 높지만 감정 기복이 심하지 않고 기질도 평탄하다. 공부를 잘하려면 인지 능력과 더불어 분위기에 휩쓸리지 않는 정신력, 적극성, 근성, 회복 탄력성 같은 비인지 능력이 받쳐줘야 하는데 최상위권 아이라면 이러한 비인지 능력을 갖추었을 확률이 높다 보니 어떤 학교에 들어가든 잘 적응할 것이기 때문이다. 즉, 아이가 학교의 특성을 잘 활용하여 대입에서 불리한 부분도 잘 극복할 수 있다는 말이다. 예를 들어 아이가 외대부고를 간다면 내신을 30퍼센트 안쪽으로 챙기고 생기부를 잘 만들어 학종으로 의대를 노릴 수 있다. 일반고를 간다면 내신을 완벽하게 관리하여 전교 1등을 받으면 교과와 학종으로 의대를 노릴 수 있다.

진짜 고민은 상위권 아이들이다. 상위권은 내신 성적이 압도적으로 높은 아이부터 공부량이 많지 않은데 성적이 매우 높은 아이, 수·과학에 특화된 아이, 이해력과 문해력이 월등한 아이까지 매우 다양한 모습으로 나타난다. 양상이 다양한 만큼 잘 맞는 학교와 잘 맞지 않는 학교가 있을 수 있다. 이른바 학교를 '타는' 아이들이다.

어떤 학교에 들어간다고 성공하는 것은 아니므로 어떤 학교에 가야 '덜 고통스러울지' 살펴봐야 한다. 아이마다 특성이 다르기 때문이다. 나는 상위권과 최상위권을 가르는 기준점을 '분위기'를 타는지 안 타는지로 잡는다. 중학생은 어른보다 더 쉽게 분위기에 휩쓸린다. 또래가 가장 중요한 시기라 또래와 함께해야 덜 불안하기 때문이다. 그런데 이 시기에 꿋꿋하게 자기 공부를 해나가는 아이들이 있다. 바로 최상위권 아이들이다. 반면 상위권 아이들은 이 고비를 넘지 못해 계속 상위권에 머무른다.

분위기에 휩쓸리는 '애매한' 상위권 아이라면 자사·특목고처럼 학업 분위기가 꽉 잡힌 학교에 들어가는 게 낫다. 이런 아이가 일반고에 가면 '애매하게' 잘하는데 '충분히' 잘하고 있다고 착각해서 중학교 때와 비슷한 수준으로 공부하기 때문이다. 그래도 반에서는 1~2등이라 공부 잘하는 아이로 통하지만, 모의고사와 수능을 보면 상위 5~10퍼센트에 속하는 경우가 많아 원하는 대학에 가지 못한다. 원서를 쓰는 고3이 되어서야 현실을 마주하는 셈이다. 이런 아이가 자사·특목고에 가면 본인이 잘하는 아이가 아니라는 현실을 알고 처음에는 좌절하지만, 본인의 위치를 일찍 파악할 수 있어 빠르게 전략을 짤 수 있다. 무엇보다 분위기를 타는 아이들이므로 주위에 있는 아이들을 보며 정신을 차리고 열심히 하는 경우가 많다.

상위권 아이 중에는 국어, 영어, 수학, 사회, 과학 같은 주요 과목에서 B를 한두 개 받아 전사고 원서를 넣지 못하는 아이가 있다. 이런 아이에게는 자사고 범위를 넓혀보자고 이야기한다. 외대부고나 하나고처럼 전 과목에서 A를 받아야 1단계 서류 전형을 통과하는 학교도 있지만, 나머지 전사고는 B를 한두 개 받아도 원서를 넣을 만하고 광사고까지 넓히면 B를 서너 개 받아도 원서를 넣을 만하다. 학령인구가 줄어 자사고마다 합격선이 모두 다르므로 꼼꼼하게 찾아보면 아이에게 잘 맞는 학교를 발견할 수 있다.

굳이 애매한 자사고에 갈 바에는 일반고에 가는 게 낫다고 여길 수 있다. 다만 이 경우라면 앞에서 말했듯이 분위기에 휩쓸려 자만에 빠지지 않도록 신경 써야 한다. 학교 친구들만 볼 게 아니라 전국 고등학생 중 자신의 위치가 어느 정도인지 알면서 공부할 수 있도록 눈을 넓혀야 한다. 그런 자세로 내신과 학교생활을 챙기고 수능 준비까지 해나간다면 자사고에 들어가는 것보다 나은 결과를 만날 수도 있다. 이 부분을 아이와 충분히 이야기하고 결정하길 권한다.

## 이과형인가, 문과형인가?

수능에서조차 문·이과가 사라진 마당에 이게 무슨 소리일까? 제4차 산업혁명 시대에 걸맞은 융복합 인재를 키워내기 위해 교육은 대변혁을 추진하고 있다. 그중 하나가 문·이과 통합이다. 하지만 지금까지는 '눈 가리고 아웅'인 상황이다. 여전히 이과 자질을 갖춘 아이가 입시에서 훨씬 더 유리하기 때문이다. 여전히 대다수 전형이 인문사회·상경·이공 계열로 나눠서 뽑는 형태이고, 그나마 늘고 있는 무전공학과마저 현실을 들여다보면 수·과학 역량이 뛰어난 아이에게 유리한 분위기다.

고등학교도 마찬가지다. 문·이과 통합을 아무리 부르짖어도 이과형 아이가 날개를 펼칠 수 있는 곳과 문과형 아이가 날개를 펼칠 수 있는 곳이 나뉘어 있다. 전 과목을 두루 잘하는 아이는 상관없지만 이과 또는 문과 성향이 뚜렷한 아이라면 학교를 고를 때 잘 맞는 곳으로 신중하게 골라야 한다.

그런데 아이가 문과형 아이인지 이과형 아이인지 어떻게 알 수 있을까? 흔히 수학을 암기식으로 푸는지 이해식으로 푸는지, 기본 유형의 문제 이외에도 응용 유형의 문제를 혼자서 풀어낼 수 있는지 등으로 판단하라는데 쉽지 않다. 문제에 따라 암기식으로 풀기도 하고 이해식으로 풀기도 하며, 주제에 따라 응용 유형을 혼자서 잘 풀기도 하고 못 풀기도 하기 때문이다.

그래서 나는 '수학을 대하는 태도'를 보라고 말한다. 학교마다 시험 난이도가 천차만별이라 학교 성적을 기준으로 삼기는 힘들다. 선행 학습도 진도만 빠르게 나간 예도 있고 심화 과정을 몇 단계씩 진행하는 때도 있어 이 또한 기준으로 삼기 힘들다. 결국, 핵심은 '아이가 수학을 어떤 과목으로 인식하고 있느냐'다.

이과의 핵심은 수학이다. 특히 자사·특목고는 우수한 학생이 많고 진도도 빠르므로 심화 수학이 어느 정도 되어 있느냐가 해당 학교에서 아이의 적응력을 결정짓기도 한다. 그런 의미에서 아이가 수학을 좋아하거나 적어도 '할 만하다, 나쁘지 않다, 괜찮다, 욕심이 생긴다'라는 마음은 있어야 한다. 긍정 신호까지는 아니더라도 부정 신호가 없어야 한다는 말이다.

수학을 잘하든 못하든 억지로 한다고 느끼거나, 불편하거나, 암기해서 풀고 있다고 여겨진다면 적신호다. 고등 수학은 점점 더 복잡하고 깊고 어려워지기 때문에 스트레스는 더욱 심해질 것이다. 수학을 좋아하는 학생은 100명 중 네 명도 안 된다. 따라서 아이의 선호로 판단하는 건 위험하다. 선호는 언제든 바뀔 수 있기 때문이다. 그보다는 현재 수학을 잘 따라가고 있는지, 그 상황에서 부대낌이나 힘듦이 다른 과목과 비교했을 때 크지 않은지, 조금 더 욕심을 부리면 아이에게 수학을 잘하고 싶은 의지가 있는지로 판단해야 한다. 이 체크 항목에 '예'로 답했다면 1단계는 통과다.

1단계를 통과했다면 영재학교, 과학고, 전사고를 고려할 수 있다. 여기서 왜 전사고가 나오는지 의아할 수 있다. 전사고는 문·이과 어느 한쪽으로 치우치지 않거나 성향이 모호한 아이가 가는 곳이 아닌가 싶어서다. 컨설팅 과정에서도 "저희 아이는 문·이과 성향이 뚜렷하지 않아서 일단 자사고에 들어간 후에 더 고민해 보려고요."라고 말하는 학부모가 많다. 전혀 그렇지 않다. 전사고는 '이과형' 학생이 가는 학교다.

하나고, 외대부고, 상산고 모두 이과형 자질에 문과 과목까지 잘하는 학생, 한마디로 '올라운더'가 들어가는 학교다. 이들 학교의 입학생 중 이과형이 아닌 아이, 즉 수학을 불편해하는 아이는 드물다. 계열 구분이 없고, 전인적 교육을 하는 학교들이라고 해서 우리 아이가 지닌 모든 성향을 받아줄 거라고 생각하면 오산이다. 학업 능력이 우수한 아이치고 수학을 불편해하는 아이가 없다는 사실을 받아들여야 한다. 더욱이 영재·과학고를 준비하다가 전사고로 입학한, 뚜렷한 이과 성향의 아이와도 경쟁해야 한다. 만약 우리 아이가 수학을 버거워하는 상황이라면, 학교 성적이 A가 나왔다 해도 전사고에 들어가면 힘들어할 수 있다.

요즘 같은 이과 선호, 의대 선호의 입시 환경에서 문과형 자질이 있는 아이들은 처음부터 위축되고 뭔가 자신이 잘못되었다고 생각하기도 한다. 수·과학을 못하면 공부를 못한다고 여기고, 공부를 못해 전사고나 영재·과학고를 가지 못했다는 '패배 의식'에 사로잡히기도 한다. 이런 아이들이 생각보다 많다. 그럴 때마다 안타깝다. 설령 본인이 수·과학을 조금 힘들어하더라도 그건 성향의 차이일 뿐인데 말이다. 이런 마음은 입시에서도 걸림돌이 된다. 마음을 바꿔야 한다.

우리 아이가 철저하게 문과 성향이라면 외고·국제고가 좋은 선택지다. 외고나 국제고는 아이의 문과 성향을 잘 살려줄 수 있는 학교이기 때문에 이들 학교에 들어가면 자존감도 올릴 수 있고 결과적으로 입시도 성공적으로 마무리할 수 있다. 당장 대원외고만 보더라도 매해 서울대를 50명 남짓 보낸다. 의대는 물론 이공계를 뺀 문과 계열로만 보낸 결과가 이 정도다. 한영·명덕·대일 외고도 서울 대를 20명대로 보낸다. 서울대 실적이 고등학교 평가 기준은 아니 지만 그만큼 현재 입시에서도 높은 적응력을 보여준다는 지표임에 는 분명하다.

안되는 것을 되게 하는 것도 중요하지만, 잘하는 것을 더 잘하게 하는 것도 입시 환경에서 매우 중요한 요소다. 외고·국제고는 문과 형 아이들이 이과형 아이들과의 경쟁을 피할 수 있는 환경, 자신이 잘하는 것을 더 잘할 수 있도록 도와주는 환경이다. 게다가 2028학 년도 수능부터 선택 과목이 폐지되면서 문·이과 학생이 모두 같은 과목을 시험 보는 구조로 바뀐다. 이과 계열 수강 과목이나 수능 과 목에서 수학과 과학에 가산점을 더 줄 수 있지만 그렇다 해도 더 많 은 대학에서 문과생에게도 이과 계열 대학을 지원할 수 있도록 문 을 넓히는 분위기다. 따라서 아이가 지닌 장점을 최대한 살릴 수 있 다면 대학으로 가는 길은 분명 더 넓게 열릴 것이다.

다만 외고·국제고는 선발형 학교임을 잊지 말자. 학업 의지가 강 한 아이가 한데 모이니 면학 분위기가 좋은 만큼 경쟁이 치열하다. 게다가 영어에 강점이 있는 아이가 많으므로 영어 실력이 뒷받침되 어 있거나 영어를 좋아하는 아이라야 버틸 수 있다. 이런 분위기에 적응할 수 있는 아이에게만 이 학교들을 권하는 이유다.

# 학습 유형

아이의 학습 유형도 살펴봐야 한다. 자사·특목고는 일반고보다 학교별로 교육과정이 특화되어 있고 개설 과목이 다양해 선택 범위도 넓다. 여기에 방과 후 프로그램까지 더해지면 융합·응용·탐구·심화 학습으로 나아가기에 더없이 좋은 환경이다. 학교가 능동적으로 공부해 나가기 좋은 환경을 만들어두고 아이들이 적극적으로 이용할 수 있도록 장려하지만 딱 거기까지다. 결국, 환경을 제대로 활용하는 것은 아이의 몫이다. 자사·특목고에서 자기주도학습 역량을 최우선으로 보는 이유다. 이런 자율적인 시스템이 잘 맞는 아이도 있지만 안 맞는 아이도 분명 있다. 따라서 아이와 가장 잘 맞는 학교를 찾고자 할 때 아이의 학습 유형을 파악하는 일도 빼놓을 수 없다.

## 자기주도학습을 하고 있는가?

기숙학교에 적응할 때 매우 중요한 요소가 혼자 공부하는 능력이다. 이 말을 하면 대다수 아이가 "저 혼자 공부하는데요?"라고 답한다. 맞다. 혼자 공부하지 않는 아이는 없다. 다만 혼자 하는 공부의 종류와 질이 문제다. 우선 학원 숙제를 하는 것은 혼자 공부하는 것이 아니다.

혼자 공부하는 능력은 ① 부족한 부분을 스스로 찾을 줄 알고, ② 부족한 부분을 채울 수 있는 시간 및 운영 계획을 세우고, ③ 가장 효율적이고 효과적인 방법으로 계획한 바를 실행하는 능력이다. 학교나 학원 숙제를 하는 것을 혼자 공부하는 것이 아니라고 말하는 이유다.

기숙학교에서는 학습 시간과 운영 계획을 세우고 관리하는 능력이 매우 중요하다. 그래서인지 자사·특목고 면접에서는 이와 관련된 내용이 질문으로 나오는 경우가 있다. 실제로 월 1회 귀가만 허용하는 하나고의 면접 질문에서 "플래너를 어떻게 만들죠?" 같은 구체적인 질문이 나오기도 한다. 평소에 한정된 시간을 효율적으로 사용하는 습관이 몸에 배어 있어야 제대로 답할 수 있는 질문이다. 간혹 10분 단위의 시간 계획을 답변으로 내놓는 아이가 있는데, 맞고 틀리고를 떠나 중학생인데 저 정도로 철저하게 시간을 관리하고 있나 싶어 놀라기도 한다.

기숙학교에 들어가면 부모나 학원 선생님처럼 옆에서 관리해 주는 사람이 없다. 스스로 부족함을 찾고, 스스로 해결해야 한다. 그래서인지 중학생 때부터 스스로 공부를 계획하고 해결해 본 아이는 훨씬 잘 적응한다. 물론 대다수 아이는 스스로 계획하고 실천해 본 경험이 없다. 내가 만나는 아이 중에도 학원만 착실히 잘 다니던 아이가 많았다. 괜찮다. 1학년 때는 조금 고생하지만 2학년 정도 되면 자신만의 학습 스타일을 찾아서 잘 적응하기 때문이다. 다만 잘 적응한 아이조차 만나서 이야기를 나눠보면 너무 아쉽다고 말한다. 적응하느라 흘려보낸 시간만큼 1학년 성적을 덜 받았기 때문이다.

고등학교 첫 시험부터 좋은 성적을 받고 싶다면 적응 시간을 줄여야 한다. 그러자면 중학생 때부터 자기주도학습 습관을 들여놔야 한다. 혼자 공부하는 시간은 최소 3시간 30분에서 4시간이다. 부족한 부분을 스스로 확인하고, 이후 계획을 세우고, 계획대로 공부해 나가는 시간 말이다. 더불어 주차별 계획표를 만들어 계획이 잘 실행되고 있는지 확인하고, 과목별 편중치도 주기적으로 고민해야 한다. 혼자 공부하는 시간을 하루 3~4시간도 확보하지 못한 채로 기숙학교에 입학하면 자율학습 시간을 감당할 수 없다.

자기주도학습 습관은 하루아침에 만들어지지 않는다. 성적 올리기보다 훨씬 더 오래 걸리고 힘든 과정이다. 이 힘든 일을 중학생 때 완성해 두면 남보다 열 걸음쯤 앞선 셈이다. 쉽지 않겠지만 습관을 들일 수 있도록 지금부터라도 자기주도학습 시간을 늘려나가는 연습을 해야 한다.

자기주도학습 습관과 별개로 학원이나 과외 같은 사교육에 어느 정도로 의지하느냐도 빠트리지 말고 고민해야 할 부분이다. 흔히 자기주도학습이라고 하면 사교육의 도움을 받지 않고 공부해야 한다고 여기는데 꼭 그런 것만은 아니다. 세상에는 사교육 없이도 잘하는 아이도 있지만, 사교육이 없으면 못 하는 아이도 있다. 한편, 사교육 없이도 잘할 아이이지만 사교육이 더해지면 훨씬 더 잘할 아이도 있다. 이런 아이는 교육 특구에서 흔히 만날 수 있다. 어릴 때부터 체계적인 학원 시스템에 잘 적응한 아이들이다.

학원에 다니는 것을 선호하고, 학원 선생님에게 필요할 때마다 도움을 받는 것을 선호하며, 비슷한 수준의 아이들과 학원에 모여서 함께 공부하는 것을 즐기는 아이라면 고등학생 때도 학원을 유지하는 게 나을 수 있다. 이런 아이라면 일반고나 광사고에 들어가는 게 낫고, 전사고 중에서도 사교육을 어느 정도 유지할 수 있는 곳으로 선택하길 권한다.

예를 들어 같은 전사고라도 외대부고는 일주일에 한 번 귀가를 허용하므로 주말에 학원의 도움을 받을 수 있다. 사교육 인프라가 잘 갖춰진 대치동 인근 아이들이 하나고보다 외대부고를 선호하는 이유다. 반면 하나고 학생들은 한 달에 한 번 귀가하므로 학원의 도움을 받기 힘들다. 주말에도 병원에 간다거나 종교 활동을 하는 것과 같은 특수한 경우가 아니라면 학교에서 나올 수 없다. 따라서 보충 학습과 심화 학습을 스스로 할 수 있어야 한다. 즉, 외대부고와 하나고 둘 다 자기주도학습은 필수이지만, 사교육을 어느 정도까지 활용할지에 따라서 선택지가 바뀔 수 있다는 말이다.

아이의 학습 스타일, 학부모의 교육철학, 사는 곳의 사교육 인프라 등 여러 요소를 고려하여 고등학교를 선택해야 한다. 온전히 스스로 해결하는 습관은 하루아침에 길러지지 않는다. 체계적인 학원 시스템 안에서 자라온 아이라면 사교육 울타리가 걷혔을 때 불안할 수 있다. 평생 그 울타리 안에서 살 수는 없지만, 아이마다 울타리를 트거나 걷어야 할 시기가 다르다. 그 시기를 꼭 중3으로 자를 이유는 없다.

## 수시형인가, 정시형인가?

아이가 수시형인지 정시형인지 정확히 알면 고등학교 선택이 아주 수월해진다. 하지만 중학생 아이를 보고 구분하기는 어렵다. 아직 배우고 자라는 아이라 선호하고 잘하는 것, 싫어하고 불편해하는 것이 언제든 바뀔 수 있어서다. 그렇지만 현재를 기준으로 몇 가지를 점검해 보면 대략 짐작해 볼 수 있다.

먼저 '수시형' 하면 '성실함'을 가장 먼저 꼽는다. 교과와 학종의 핵심은 내신 성적인데, 내신 성적은 지필 고사와 수행 평가가 더해진 점수다. 점수를 잘 받으려면 학교 수업을 잘 듣고, 수업 활동에 적극적으로 참여해야 하며, 부족한 부분을 꼼꼼하게 채워야 한다. 지필 고사도 잘 봐야 하지만 수행 평가 성적도 제대로 내야 한다. 그러자면 꼼꼼함과 성실함이 기본이다.

흔히 수시에 강한 아이라고 하면 '학종'을 떠올리며, 동아리 활동이나 탐구 활동을 열정적으로 해나가는 활동성을 꼽는다. 하지만 교과는 당연하고 학종마저도 '내신 성적'이 활동성을 우선한다. 내신 성적이 높지만 활동성이 낮은 경우라면 '교과'가 유리하고, 내신 성적과 활동성이 모두 높은 경우라면 '학종'에 유리하지만, 내신 성적이 낮고 활동성이 높은 경우에는 쓸 수 있는 수시 카드가 없다.

내신 성적이 같다면 지필 고사보다 수행 평가 점수가 높은 아이가 수시형 중 '학종형'이다. 수행 평가 방식 중에는 집단 활동으로 진행되는 것들이 많은데, 집단 활동에서는 구성원 간에 의견을 조

율해 나가야 하므로 그때마다 스트레스를 받는다면 높은 점수를 받기 어렵다. 수행 평가가 아니더라도 생기부 항목을 풍성하게 채우려면 집단 활동이 많아질 수밖에 없는데, 그럴 때마다 수월하게 해결해 나가며 경험을 쌓는 아이가 '학종'에 유리하다.

정시형은 범위와 유형이 정해진 내신 시험보다 사고력이나 논리력을 기반으로 하는 학력 평가 또는 모의고사를 잘 보는 아이다. 이런 아이 중에는 책을 유난히 많이, 폭넓게 읽는 아이와 사고력 수학이나 경시대회 문제처럼 창의력 문제를 잘 푸는 아이가 많다. 암기 중심인 내신 시험보다 종합적인 학업 능력을 평가하는 시험에서 더 좋은 결과를 내는 아이라면 정시형이다.

분위기에 휩쓸리지 않고 혼자서 묵묵히 자기와 싸움을 하듯 공부하는 아이도 정시형이다. 자사·특목고 학생이든 일반고 학생이든 정시(수능) 준비는 혼자 하는 공부다. 일반고와 자사고 중 정시에 강한 학교라 해도 내신 시험이 수능형으로 나오고 면학 분위기가 좋아 공부를 하기 좋은 환경일 뿐 수능을 대비해 주진 않는다. 결국 어떤 학교에 가든 수능 공부는 혼자 해야 하므로, 주변 분위기에 휩쓸리지 않고 자기 공부에 열중할 수 있는 성향이라면 정시형에 가깝다.

앞서 말했듯이 중학생 아이의 성향이나 선호도는 언제든 변할 수 있고, 어느 한쪽으로 기울지 않을 수 있다. 그럼에도 수시형 또는 정시형으로 나뉜다면 아이에게 더 유리한 학교를 골라야 한다. 수시형이라면 전사고 중에서는 하나고와 외대부고를 고를 수 있고, 수시형이지만 수·과학에 강하면 영재·과학고를, 수학이 약하면 외고·

국제고를 고려하면 좋다. 일반고 역시 수시형 학교가 대다수라 괜찮은 선택지다. 수시형 학교는 학교에서 무언가를 많이 해야 한다. 교과 활동이 화려하거나 손이 많이 가는 활동이 많으므로 혼자 공부하는 시간보다 활동을 준비하거나 수행하는 시간이 월등히 높다는 점을 기억하자.

정시형이라면 전사고 중에서는 외대부고나 상산고를 고를 수 있다. 정시 실적이 높은 광사고를 고려해도 좋고, 일반고 중에서는 교육 특구에 있는 곳을 선택할 수 있다. 정시에 높은 실적을 내는 학교는 대체로 내신 시험이 수능형이고, 학습 진도가 빠르며, 혼자 공부할 수 있는 자율학습 시간이 많은 편이다. 기숙학교에 들어간다면 저녁 시간에 수능을 대비해서 공부할 수 있고, 교육 특구에 있는 학교에 들어간다면 수능 대비 학원에서 도움을 받을 수 있어 유리하다. 다만 정시에 강한 학교일수록 N수 비율이 그만큼 높다는 사실도 염두에 두자.

알기 쉽게 수시형 학교와 정시형 학교로 나눠서 설명했지만, 현실에서는 학교별로 비중의 높고 낮음이 있을 뿐 100퍼센트 수시형 학교나 100퍼센트 정시형 학교는 없다. 어느 학교에 가더라도 각 전형에 맞게 잘 준비해서 가면 된다. 그런데도 굳이 나눠서 말한 이유는 학교마다 주류가 되는 전형이 있고, 주류에 들어가 있어야 안정감을 느끼는 아이들이 많아서다. 당연히 함께 준비하는 아이가 많을수록 덜 불안하고 힘들 때 서로 의지할 수 있어 수월하게 넘길 수 있다.

# 선행 학습은 어디까지 되어 있는가?

마지막으로 선행 학습 여부와 정도를 점검해야 한다. 물론, 선행 학습이 기본값인 전사고에서조차 빠르게 학교생활에 적응하고 주변 아이들과 호흡을 맞추는 게 우선이다. 게다가 선행 학습을 전혀 하지 않고 입학했는데도 누구보다 잘하는 아이도 분명히 있어 선행 학습이 정답이라고 일반화하기는 어렵다. 하지만 전사고에 입학한 아이 대다수는 1~2년 선행 학습이 기본이다. 학업 역량이 뛰어난 아이들이라, 단순히 진도만 나간 것이 아니라 몇 회독씩 하며 탄탄하게 다져둔 경우도 많다. 이렇게 다져온 1~2년을 뒤집기란 생각보다 더 힘들고 오래 걸릴 수 있다는 말이다.

수업에서도 선행 학습이 효과를 내기도 한다. 일단 영재·과학고나 전사고는 진도가 매우 빠르다. 학교의 특성상 수업에서 교과서와 부교재는 기본이고 외부 학습 자료와 참고 자료가 등장하기도 한다. 해당 학기나 학년 수준을 넘어서는 상위개념으로 확장하여 진행되는 수업도 종종 있다. 이런 여러 경우를 고려하면 선행 학습을 아예 무시하기는 힘들다. 아무리 내신 성적이 높아도 현행 학습만 그때그때 따라가는 상황이라면 일반고와 외고·국제고를 권하는 이유다. 다만 외고·국제고에서는 선행 학습과 별개로 언어 감각이 더 중요하다. 다른 유형의 학교보다 외국어 수업이 많기 때문이다. 이에 더해 성실하고 꼼꼼한 스타일이라야 한다.

현행 심화 학습에 집중한 아이라면 광사고와 일반고를 권한다.

면학 분위기를 고려하면 광사고가 낫고, 내신 성적만 생각하면 일반고가 낫다. 현행 심화 학습이 잘되어 있다는 말은 지엽적이고 깊은 내용까지 꼼꼼히 공부했다는 뜻인데 이런 학습은 일반고 내신 시험의 성격과 일치하기 때문이다.

현행과 심화 학습이 모두 탄탄한 아이라면 전사고에 가서도 경쟁력이 있다. 하지만 현행 학습은 탄탄해도 선행 학습의 수준이 얕거나 진도가 느린 아이도 있다. 그런 아이라면 광사고나 교육 특구에 있는 일반고를 권한다. 두 학교 모두 상위권 아이가 몰리는 곳이라 현행 심화 학습은 기본인 데다, 일반고보다 수·과학 진도가 빠르므로 선행 학습이 어느 정도는 되어 있어야 경쟁력이 있기 때문이다.

알기 쉽게 선행 학습을 기준으로 고등학교를 추천해 보았다. 하지만 선행 학습은 학교를 선택할 때 고려할 요소이지 핵심 요소는 아니다. 지금 당장 선행 학습이 덜 되었더라도 전사고를 써볼 수 있다. 지금부터 고등학교에 입학할 때까지 선행 학습을 해나가면 충분한 예도 있어서다. 혹 원하는 진도를 다 나가지 않은 상태에서 입학한다 해도 괜찮다. 앞에서 말했듯이, 학교에 들어가 얼마나 빠르게 적응하느냐가 선행 학습보다 더 중요하기 때문이다. 선행 학습을 하면 아무래도 더 수월하게 학교생활을 해나갈 수 있지만, 학교생활에 더 잘 적응할 수 있는 요소가 아이에게 있다면 그것이 학교 선택의 핵심이 될 수도 있다.

# 진학 의지

입시 준비에서 아이 성향만큼 중요한 것이 의지다. 풀어서 말하면, 아이가 이 학교를 또는 입시를 얼마나 원하느냐다. 상담해 보면 생각보다 이 부분을 간과하는 아이와 부모가 많다. 아이는 본인의 의지로 입시 준비를 한다기보다 부모나 학교 선생님이 해보라고 하니 하고, 부모는 초등학생 학부모 시절 아이를 끌고 가던 습관이 남아 밀어붙인다. 이런 식이라면 아이가 진학하기도 힘들지만 진학하더라도 문제가 생길 수 있다. 세상에는 의지만으로 되는 일도 없지만, 의지 없이 되는 일도 없다.

## 부모의 의지인가, 아이의 의지인가?

학원가에서는 "초등은 학부모, 고등은 학생, 중등은 학부모와 학생 모두를 만족시켜야 한다."라는 말이 있다. 중등 시기는 부모의 입김이 여전히 남아 있지만, 그렇다고 아이가 부모 뜻대로 움직이는 시기는 아니기 때문이다. 아이가 중3쯤 되면 부모는 조언과 지지는 유지하되, 결정은 아이가 할 수 있도록 뒤로 물러서야 한다. 부모 눈에는 아이가 여전히 오늘만 사는 철부지 같겠지만, 보기보다 아이들은 진로에 대해 깊이 생각하고 고민한다. 부모는 그 고민을 함께 나누고, 아이가 목표를 정한 후 나아갈 수 있도록 도와야 한다. 아이의 의지 없이는 시작조차 어려운 게 입시 과정이기 때문이다.

상담을 하다 보면 안타까운 상황을 자주 마주한다. A의 부모는 A가 초6일 때 나를 찾아올 정도로 열정이 가득했다. 상담 내내 눈을 반짝이더니 "3년 뒤에 다시 올 테니 그때도 잘 부탁드립니다."라는 말을 남기고 떠났다. 그러고는 정말 A가 중3이 된 5월에 A를 데리고 찾아왔다.

A는 조용하고 얌전한 여학생이었다. 보통 자사고를 준비하는 아이들은 말수와 상관없이 적극적인데 그런 모습이 보이지 않았다. 처음이라 낯설어서 그런가보다 싶었지만 한 달이 지나도 크게 달라지지 않았다. 5월 수업이 끝나갈 즈음 A의 부모님과 통화를 하면서 이유가 드러났다. A는 이 수업을 온전히 부모가 원해서 듣고 있었다. 중2 때까지 A는 부모와 전사고 설명회도 곧잘 갔고, 그중 한 전사고에 가고 싶다고 말하기까지 했다. 그런데 중3이 되자 "가고 싶지 않다."라거나 "못 갈 것 같다."라는 말을 자주 했고, 자사·특목고 입시 수업은 듣고 싶지 않아 했다. 그렇지만 부모를 이길 수 없으니 내키지 않는 마음으로 억지로 와서 수업을 듣고 있었던 셈이다.

보통 이럴 때 부모들은 내가 아이에게 ○○고가 얼마나 매력 있는 학교인지 강조하면서 너는 ○○고에 갈 수 있는 역량이 충분하다고, ○○고에 가면 굉장히 잘할 거라고 이야기해서 아이를 잡아주길 바란다. 물론 나라고 왜 그러고 싶지 않겠는가. 나야말로 아이를 한 명이라도 더 자사·특목고에 합격시키면 좋을 사람이 아닌가. 하지만 그런다고 될 일이 아니라는 걸 안다. 그래서 이럴 땐 "쉽지 않겠지만 그냥 두세요."라고 말한다. 가만히 두면 스스로 하고 싶은 마음도 부모가 자극하면 '엄마가 하라니까, 엄마가 좋은 거라니까.'라는 마음으로 바뀌어버리기 때문이다.

중학생 시기는 사춘기와 맞물린다. 사춘기 시기의 아이들은 부모에게서 정서적으로 독립하려고 애쓴다. 부모가 무슨 말을 하든 일단 의심하고 자기 생각대로 움직이려 한다. 당연히 아이의 선택은 옳을 때도 있지만 그를 때도 있다. 아이의 선택이 적절치 않다고 판단되면 부모는 아이가 더 나은 선택을 할 수 있도록 말리거나 방향을 틀어주려고 애쓴다. 하지만 부모의 행동은 의도와 상관없이 역효과를 낸다. 부모가 원하는 학교를 강조할수록 아이는 그 학교에서 멀어진다. 이럴 때는 방법이 없다. '그 학교에 가고 싶다'는 마음이 아이에게 생길 때까지 기다려야 한다. 억지로 학원에 데려가봐야 아이가 제대로 할 리 없고, 제대로 하지 않으면 시간과 돈만 날리기 십상이다.

이와 반대되는 상황도 본다. B는 내가 운영하는 유튜브 계정으로 메일을 보내 그해 수업 시간표와 현재 진행 상황을 물어왔다. 그리고 5월 특강을 들으러 왔다. 내가 수업하는 곳은 목동인데 B가 사는 곳은 경기도 외곽이었다. B가 다니는 중학교는 지금껏 외대부고에 합격한 학생이 없던 학교이기도 했다. 마땅한 학원도 의지할 선배도 없으니 목동까지 찾아온 것이다. 5월 특강이 마무리되자 나는 슬슬 걱정되었다. 7월에 본 수업이 시작되면 12월까지 꼬박 반년을 일주일에 한 번씩 학원에 와야 하는데, 매번 대중교통을 타고 오는 게 보통 일은 아니다 싶었다.

괜한 걱정이었다. B는 한 번도 수업에 빠지지 않았을뿐더러 적극적으로 참여했다. 숙제도 성실히 해왔고 결과도 늘 우수했다. 매번 수업이 끝나도 질문을 했고 집에 가서도 질문을 남겼다. 한밤중도 예외는 아니어서 난감할 때도 있었다. 어쨌든 B는 "이유는 모르겠지만 무조건 외대부고에 가고 싶어요."라고 했다.

본 수업이 시작되고 B의 부모와 통화할 일이 생겼다. 나는 "B가 외대부고를 너무 가고 싶어 해요. 그런 만큼 질문도 많이 하고 수업 태도도 굉장히 좋아요."라고 말씀드렸다. 그러자 부모는 한숨을 깊게 쉬더니 B가 왜 그러는지 모르겠다고 했다. 학교에 들어가는 건 둘째치고 들어가고 나서가 더 걱정이라고 했다. 외대부고에는 공부 잘하는 아이도 많다는데 왜 그런 학교에 가서 고생하려고 하는지 모르겠다고 했다. 아이를 데리고 다니며 고등학교를 둘러본 것도 아니고, 부모와 선생님 중 누구도 외대부고에 가라고 말한 적도 없는데 도대체 어디서 그런 마음이 시작된 건지 모르겠다며 말을 흐렸다. 모두가 부러워할 만한 B를 자식으로 뒀는데 한숨과 걱정이라니 의외였다. 하지만 가만히 속내를 듣고 나니 부모의 고충도 이해되었다. 집마다 사정이 다르니 정답은 없다.

그럼에도 결론을 말하면 A는 부모가 원했던 하나고 원서를 쓰지 못했고, B는 외대부고에 원서를 넣어 합격했다. 중3은 초등학생보다 고등학생에 가깝다. 아이의 의지가 부모의 의지를 넘어서는 순간이 온다. 내 아이만 그런 게 아니다. 중3 수업을 하다 보면 어제까지 멀쩡히 잘 나오던 아이가 입시가 코앞인데 갑자기 그만두겠다고도 한다. 정말 잘해온 아이라 그동안 해온 게 아까워 길게 상담을 하는 편인데, 마음을 되돌리는 게 여간 어렵지 않다.

나는 이런 경우에 부모에게 아이를 압박하지 말라고 이야기하고, 가능하면 직접 대화를 하지 말라고 한다. 아이들 머릿속에는 '엄마는 내 생각은 묻지도 않고 무조건 나보고 그 학교에 가라고만 해.'라는 생각이 딱 박혀 있다. 이런 마음이면 부모가 아무리 맞는 말을 해도 받아들이지 않는다. 오히려 거부감만 심해진다.

이럴 때는 아이가 믿을 만한 사람과 고민을 나눌 수 있도록 도와주길 권한다. 이왕이면 아이와 입시를 객관적으로 바라볼 수 있는 사람이면 좋다. 단순히 친한 사람은 공감만 하고 끝날 수 있어서다. 아이 스스로 자기 생각이 타당한지, 감정에 휘둘리는 건 아닌지, 정말 고입 과정을 계속하기에 무리가 있는지, 당장 힘드니 회피하려는 것은 아닌지 객관적으로 되돌아볼 수 있도록 돕는 사람이라야 한다.

이때 상담자는 결론을 정해놓고 말하면 곤란하다. 당연히 그 학교를 쓰라고 해서도 곤란하다. 아이가 내린 결정의 근거가 신뢰할 만한지, 혹시 잘못된 내용이라면 '정보 기반'으로 명확히 말해주면 그만이다. 최신 입시 정보를 근거로 정확히 말해줘야 한다. 그래야 아이가 대화를 마친 후 자신을 객관적으로 판단해 볼 수 있다.

꼭 사춘기가 아니더라도 고입 과정을 중도에 포기하고 싶다고 말하는 아이가 많다. 며칠 전까지 의지가 충만했던 아이가 그만두고 싶다면 울면서 찾아오기도 한다. 의지가 꺾인 게 아니라 불안으로 덮였을 때다. 옆에서 함께 준비하는 친구는 왜 이렇게 잘하는지, 나는 왜 이렇게 삐걱대고 모자라 보이는지, 아무리 그 학교에 가고 싶어도 결국 못 갈 것만 같아 점점 더 불안해진다. 몰려오는 불안에 어쩔 줄 몰라 눈물을 쏟는 일도 생긴다. 이럴 때 아이들을 안심시키는 방법은 감정 다독이기가 아니라 정확한 정보와 사실을 바탕으로 지금 상황을 판단해 주기다. 불쑥불쑥 올라오는 불안을 객관적인 사실로 몰아내야 한다. 이런 대화는 나 같은 상담자가 하지만 부모도 함께해야 한다. 부모도 입시 정보를 챙기고 알아야 한다고 말하는 이유다.

## 입시 정보보다 훨씬 중요한 아이와의 대화

막상 고등학교를 선택해야 하는 시기가 오면 부모는 입시에 대해 너무 몰랐다는 생각에 막막해진다. 하지만 걱정하지 않아도 된다. 입시 정보는 마음먹으면 금방 찾을 수 있고 찾은 정보를 이해하는 것도 어렵지 않다. 오히려 막히는 지점은 아이에 대한 정보다. 아이의 성향, 성적, 진로, 학습 유형, 의지를 알아야 잘 맞는 학교를 찾을 수 있기 때문이다. 그런데 아이가 학교에서 어떻게 생활하는지 알 길이 없고, 학습을 어떻게 이어나가고 있는지도 대충 알 뿐 아이의 진로 의지와 생각은 더 모르겠다는 부모가 많다. 아이에 대해서라면 모르는 게 없던 시절이 있었는데, 지금은 도통 모르겠다며 서글퍼한다.

지금이라도 아이와 대화를 시작해야 한다. 대화가 아이의 학교생활과 속마음을 알 수 있는 유일한 방법이기 때문이다. 물론 쉽지 않다. 대화하자고 한들 입을 꾹 닫은 아이가 갑자기 말을 할 리 없고, 평소 대화를 잘하던 아이조차 학업과 진로 문제에 대한 이야기는 피하려는 경우가 많다. 그래도 부모는 포기할 수 없다. 아이에 대한 올바른 정보가 없으면 입시 방향조차 설정할 수 없기 때문이다.

입시 준비를 할 때는 아이의 이야기를 '듣는' 대화가 필요하다. 그런데 생각보다 많은 부모가 '듣는' 대화에 익숙하지 않다. 아이의 초등 시절부터 부모가 방향을 잡고 그 방향대로 아이를 끌고 나간 경우라면 더 그렇다. 아이에게 의견을 묻지만 머릿속에 이미 답을 내린 경우다. 그렇다 보니 아이가 어떤 말을 해도 정해진 답으로 유도한다. 아이는 부모의 의도를 바로 알아채고 입을 닫아버린다.

아이와 이야기를 나누다 보면 부모가 전혀 모르는 이야기를 내게 풀어놓을 때가 있다. 왜 부모님께 말씀드리지 않느냐고 물어보면 "기회가 없었어요."라거나 "어차피 말해도 부모님에게는 안 통할 것 같아서."라고 대답하는 경우가 꽤 많다.

입시에 아이의 미래가 걸려 있다 보니 늘 노심초사하는 부모의 마음을 이해한다. 하지만 고입이 아이의 인생을 쥐락펴락할 일은 별로 없다. 자사·특목고가 준비한다고 해서 다 갈 수 있는 곳도 아니고, 간다 해도 그 선택이 늘 옳은 것도 아니다. 처음부터 일반고를 준비해서 가는 게 더 나은 아이도 많다. 결국, 고입은 아이가 그 학교 입시를 준비하겠다고 하면 부모도 함께하는 것이고 아이가 원치 않으면 마는 것이다.

자사·특목고든 일반고든 입학하는 순간 고입보다 중요한 대입을 준비해야 한다. 그런데 고입부터 부모가 아이를 압박하고 강요하면 아이는 부모와 더는 대화를 하지 않는다. 정작 상의할 일도 많고 심사숙고해야 할 일인 대입 앞에서 아이는 귀와 입을 닫아버린다.

중학생 시절의 고입 준비는 아이 인생에서 스쳐 지나가는 경험이다. 가볍게 여길 문제는 아니지만 너무 무겁게 받아들이지 않았으면 한다. 미리 답을 정하지 말고 편안한 마음으로 아이와 충분히 대화를 나누면서, 진짜 아이의 성향과 객관적인 모습을 함께 들여다보길 바란다. 이야기를 나누다 보면 자신이 미리 겁을 먹고 도망치는 건 아닌지, 분위기에 휩쓸려 그 학교에 괜히 가려는 건 아닌지 등을 아이 스스로 깨치기도 한다.

물론 아이의 판단과 결정이 못 미더울 수 있다. 그럴 때 부모는 아이의 결정을 어디까지 받아줘야 할지 헷갈린다. 당연하다. 학원에서도 보면, 같은 아이인데 어떨 때는 어른보다 성숙한 생각과 행동을 하기도 하고, 어떨 때는 아직 애구나 싶을 정도로 어이없는 판단을 하기도 한다. 집에서는 더하면 더했지 덜하지 않을 것이다. 말도 안 되는 고집을 피우기도 하고, 누가 봐도 잘못된 선택을 하기도 한다. 그럴 때 나는 부모님들에게 "정말 이건 아니다 싶을 때만 개입해 주세요."라고 말한다.

부모가 평소에 아이의 판단과 결정을 믿고 따라주면 정말 아닌 것 같은 상황에서 부모가 NO를 했을 때 아이가 받아들인다. 아이 생각에도 '웬만하면 다 OK 해주는 부모님인데 NO라고 말씀하시는 거로 봐선 이건 정말 아닌가 보다.' 싶고, '내가 생각해도 이게 맞나 싶었는데 부모님도 아니라고 하는 걸 보니 정말 아닌가 보다.'라며 다시 생각하고 판단을 바로잡는다.

보통 NO라고 해야 할 상황은 중3이나 고3의 입시 준비 과정에서 정말 중요한 순간에 한두 번이면 충분하다고 여긴다. 부모가 보기에 마뜩잖은 결정이라도 치명적인 게 아니라면 받아들이고 아이가 책임지도록 하는 게 나을 때가 훨씬 많다. 잘못된 선택인 걸 뻔히 아는데도 가만히 있기란 쉽지 않다. 그래도 기다려야 한다. 그게 부모의 역할이다. 매번 부모가 대신 결정해 줄 수는 없다. 틀린 결정이라도 해본 아이가 책임도 지고, 이후에 옳은 결정도 한다. 아이 스스로 느끼고 깨달아야 성장한다. 그러려면 성공도 실패도 모두 맛봐야 한다. 치명적이고 결정적인 순간이 아니라면 아이에게 선택을 맡기라는 이유다.

쓸데없는 이야기라도 좋으니 아이가 어릴 때부터 다양한 이야기를 나눠보길 권한다. 아무 이야기라도 나눠야 아이의 생각을 알 수 있다. 그런 시간이 쌓여야 학습이나 입시에 대한 이야기도 할 수 있다.

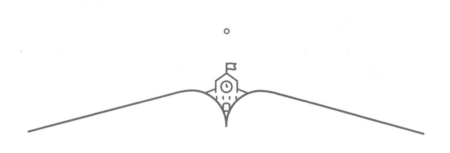

# 고등학교
# 들여다보기

아이에 대해 살펴봤으니 이제 아이가 갈 고등학교에 대해 알아
보자. 앞서 전기고와 후기고에 대해 가볍게 알아보았는데 여기서는
대표적인 고등학교를 몇 곳 집어 꼼꼼하게 들여다보려고 한다.

반복해서 말하지만 모두에게 좋은 고등학교는 있을 수 없다. 특
히 상대평가제 안에서는 더욱 그렇다. 뛰어난 아이들이 많이 모인
고등학교일수록 대입 실적이 좋은데, 그런 학교일수록 내신이든 활
동이든 경쟁이 치열하다. 교육 환경이 우수하고 학교 프로그램도
다양하고 생기부도 잘 써주는 학교들이지만 어쨌든 그 안에서도 등
급이 나뉜다. 현실에서는 이런 치열한 경쟁을 즐기는 아이도 드물
지만, 경쟁에서 밀리는데도 웃을 수 있는 아이는 없다. 그래서 자

사·특목고 같은 선발형 학교를 고려할 때 부모들이 가장 많이 하는 고민이 있다. 좋은 학교인 건 알겠는데 내 아이가 잘 적응하고 경쟁에서 앞서나갈 수 있을까?

치열한 경쟁을 피하고 싶을 수 있다. 하지만 경쟁을 피하면 전혀 다른 문제가 기다린다. 바로 면학 분위기다. 경쟁이 덜한 학교는 아이들의 성적 분포가 넓다. 열심히 공부하는 아이보다 느슨하게 공부하는 아이가 많다는 말이다. 그러면 수업 수준이 낮아질 수밖에 없고 면학 분위기도 점점 흐트러질 수밖에 없다. 그런데도 분위기에 휩쓸리지 않고 묵묵히 자기 공부를 해나가는 아이가 있다. 다만 그 아이가 내 아이라는 보장은 없다. 부모의 고민이 커지는 순간이다.

경쟁은 피하고 면학 분위기는 좋은 곳을 찾고 싶겠지만 세상에 그런 학교는 없다. 경쟁이 심해질수록 면학 분위기는 좋아지고, 경쟁이 줄어들수록 면학 분위기는 나빠진다고 보면 쉽다. 결국 답은 내 아이에게 있다.

선발형 고등학교는 합격해야 갈 수 있지만, 그와 별개로 경쟁을 어느 정도까지 감당할 수 있느냐를 고려하며 내 아이에게 맞는 곳을 찾아야 한다. 단순히 대입 실적만 봐선 안 된다. 내 아이가 잘 적응할 수 있고 내 아이가 원하는 대학교에 더 수월하게 갈 수 있도록 돕는 고등학교라야 한다. 지금부터 하나씩 들여다보자.

# 학교 방문하기/설명회 참석하기

이왕이면 가고 싶은 학교를 방문해 보고 설명회에도 참석하라고 하지만, 모든 학교를 아무 때나 갈 수 있는 것도 아니고 모든 학교가 설명회를 개최하는 것도 아니다. 먼저 아이가 가고 싶어 하는 학교와 아이가 사는 지역의 학교 목록을 뽑은 후에 학교 정보를 찾아보자. 학교별 홈페이지를 꼼꼼하게 읽어보고, '학교알리미' 사이트로 들어가 개별 학교의 공시 정보를 인쇄해서 비교해 보자(확인 항목은 67쪽을 참고한다). 학교 설명회를 하는 곳이라도 기본 정보는 미리 찾아보고 설명회에 참석하길 권한다. 어느 정도 알고 가야 더 잘 보이고 잘 들린다.

대다수 자사·특목고는 중학생과 학부모를 대상으로 하는 학교 설명회를 한 해에 2~4차례 연다. 학교마다 차이가 있지만 대개 1학기에 한 번(5월), 여름방학 때 한 번(8월), 2학기에 한 번(11월)씩 연다. 학교별로 홈페이지에 공지하고 인터넷으로 신청을 받으므로 달력에 표시해 뒀다가 날짜에 맞춰 신청하자.

학교 설명회에 참석해서 가장 좋은 점은 아이와 부모가 학교를 두 눈으로 확인하고 둘러볼 수 있다는 점이다. 처음에는 별생각이 없었는데 막상 학교에 가서 시설을 돌아보고 학교 선생님들에게 설명을 들으니 가고 싶어졌다고 말하는 아이들이 많다. 어떤 학교에 가야 할지 마음을 정하지 못했다가 그곳에서 선배들의 이야기를 듣고 마음이 확고해졌다는 아이도 있다. 설명회에 다녀오고 나서 어럼풋한 목표가 뚜렷해지기도 한다. 특히 자사·특목고 중에는 기숙학교가 많다 보니 아이 눈으로 직접 봐야 감이 잡히기도 한다.

물론 설명회에 다녀온 후에 그 학교에 가고 싶던 마음이 싹 사라졌다고 말하는 아이도 있다. 예를 들어 자사·특목고 설명회에 다녀온 아이 중에는 그 학교 특유의 격식을 부담스러워하고 기숙 생활을 답답하게 여기는 아이도 있다. 누군가에게는 최고의 학교이지만 나와는 전혀 안 맞을 수 있다. 이유는 가지각색이다. 아무튼 여러 학교를 방문해 보면 해당 학교만의 특장점이 훨씬 잘 보이므로 내게 더 잘 맞는 곳을 찾을 수 있다.

학교 설명회 참석은 동기부여 측면에서도 중요하지만, 학교에 대한 가장 정확한 정보를 얻을 기회이기도 하다. 입학 담당자에게서 해당 학교의 교육관, 교육과정, 프로그램 등은 물론이고 최근 몇 년간의 대입 실적, 올해 고입 일정과 방향, 작년 입시 합격선 등을 자세히 들을 수 있다. 이런 내용은 학교 설명회에서만 들을 수 있는 알짜 정보다. 특히 중3이라면 마지막 설명회, 즉 10월이나 11월에 하는 2학기 설명회에는 꼭 참여하라고 말한다. 면접 진행 방식이나 자소서 작성 및 면접 팁 같은 고입과 관련한 매우 실질적인 정보까지 제공해 주기도 한다.

초등 고학년부터 중1까지는 아직 시간이 많으므로 이때 가능하면 많은 학교를 탐방해 보길 권한다. 설명회를 몇 차례 듣다 보면 고등학교 생활이 감이 잡히고, 학교별 특장점을 비교하기도 수월하다. 설명회를 오가면서 아이와 부모가 진로에 대해 구체적인 이야기도 나눌 수 있다. 중2부터는 학교 후보군을 좁히고 그 학교의 설명회에 한두 번 더 가보길 권한다. 설명회에서 매해 입시 결과를 반영하다 보니 내용도 갱신되지만, 해마다 주제와 방향이 조금씩 변화하기 때문이다. 같은 학교에 반복해서 오면 그 학교에 친숙해지면서 입시에 대한 동기부여가 더 잘되는 것은 덤이다. 학교 설명회 중간쯤 재학생이 직접 앞에 나와 학교를 소개하고 질문을 받는 과정도 있는데, 그 학생을 보면서 이 학교에 오고 싶다는 생각이 들기도 한다. 여러모로 동기부여에 득이 되는 과정이다.

학교 설명회에 가지 못한다면 온라인 설명회에 참석하자. 설명회 신청 경쟁이 워낙 치열해 놓칠 수 있기 때문이다. 하나고나 외대부고처럼 인기 있는 전사고의 설명회가 열린다고 하면 수강 신청을 하거나 콘서트 표를 예매하듯 PC방에 가서 신청 오픈 시간에 맞춰 예약하기도 한다. 설명회 당일에는 마치 대형 콘서트가 열린 듯 대강당에 학부모와 아이들로 가득 차 열기가 느껴질 정도다. 그래서인지 신청 접수 첫날부터 설명회 당일까지 관련 커뮤니티에는 참석권을 양도해 줄 수 있겠느냐는 글도 자주 올라온다.

사는 곳이 멀어 학교 방문이 어렵거나 설명회 참석 신청에 실패했다면 유튜브나 학교 홈페이지에 올라온 설명회 동영상을 시청하자. 대다수 학교가 설명회를 녹화하거나 온라인 설명회용으로 따로 영상을 제작해서 올리기 때문이다. 현장에서만 들을 수 있는 정보나 열기를 듣고 느낄 수는 없지만 학교 정보는 오프라인 설명회와 큰 차이가 없다.

백문이 불여일견이라고 남들이 해주는 이야기를 백 번 보고 듣기보다 내 눈으로 직접 보고 내 귀로 직접 듣는 게 훨씬 효과가 크다. 나 역시 유튜브나 칼럼 등 다양한 방법으로 정보를 전달하려 애쓰지만, 부모와 아이가 학교에 직접 방문해서 보고 듣는 것을 이길 수 없다. 학교를 방문할 기회가 오면 꼭 챙겨서 가보길 바란다.

## 주요 자사·특목고부터 일반고까지

대표적인 자사·특목고부터 일반고까지 학교별 특징, 교육과정, 프로그램 등을 하나씩 살펴보자. 여기서 설명한 내용 외에 더 자세한 내용을 알고 싶다면 학교 홈페이지와 설명회를 참고하자.

### 과학 영재들의 꿈, 서울과학고

서울과학고는 무학년·졸업학점 이수제로 운영되며, 교육과정은 교과활동 영역, 연구활동 영역, 창의적 체험활동 영역으로 구분하여 편성된다. 교과활동 영역은 일반교과(국어, 사회, 외국어, 예체능), 융합교과(융합과학탐구, 창의융합특강, 과학철학특강), 전문교과(수학, 물리학, 화학, 생명과학, 지구과학, 정보과학)로 편성되어 있다. 연구활동 영역은 자율연구, 현장연구, 졸업논문연구, 졸업논문발표로 편성되며, 창의적 체험활동 영역은 단체 활동과 봉사 활동으로 구성된다. 학점은

| 구분 | | 필수 과목 | 소계 | 선택 과목 | | | |
|---|---|---|---|---|---|---|---|
| | | | | 기본 선택 | 이수 학점 | 심화 선택 | 이수 학점 |
| 교과 활동 | 일반 교과 | 국어 | 국어I(3), 국어II(3), 독서I(3), 독서II(3) | 10 | 작문(3), 문학(3), 문법(3) | 15 | 매체언어비평(2), 경제학(2), 세계사특강(2), 영미문화탐구(2), 예술사(2), 디자인(2) | 13 |
| | | 외국어 | 영어I(3), 영어회화I(1), 영어II(3), 영어회화II(1), 커뮤니케이션(2) | 10 | 영어소설(3), 영작문(3), 시사영어(3), 영어독해(3), 고급커뮤니케이션(3) | | |
| | | | 중국어(3) | 3 | | | |
| | | 사회 | 정치와 법(3), 한국사(3), 철학(3) | 9 | 세계사(3), 세계문화지리(3) | | |
| | | 예체능 | 건강과 체육I(1), 건강과 체육II(1), 여가와 체육I(1), 여가와 체육II(1), 음악I(1), 음악II(1), 미술I(1), 미술II(1) | 8 | 생활체육(2), 생활음악(2), 생활미술(2) | 2 | |
| | 융합 교과 | | 융합과학탐구(3) | 3 | | | 창의융합특강(2), 과학철학특강(2) |
| | 전문 교과 | 수학 | 수학I(4), 수학II(4), 수학III(3), 수학IV(4) | 15 | 확률과 통계(4), 미적분학I(4), 미적분학II(4) | 21 | 정수론(3), 선형대수학(3) |
| | | 과학 | 물리학I(4), 물리학II(3), 화학I(3), 화학II(4), 생명과학I(3), 생명과학II(3), 지구과학I(3), 지구과학II(3) | 26 | 물리학III(4), 화학III(4), 생명과학III(4), 지구과학III(3), 물리학IV(3), 화학IV(3), 생명과학IV(3) | | 고급물리학I(3), 고급물리학II(3), 양자역학(3), 고급화학I(3), 고급화학II(3), 고급생명과학I(3), 고급생명과학II(3), 고급지구과학I(3), 고급지구과학II(3) |
| | | 정보 | 컴퓨터과학I(3), 컴퓨터과학II(2), 데이터과학(2) | 7 | 컴퓨터과학프로젝트(3), 고급프로그래밍(3) | | 자료구조(3), 인공지능(3) |
| | | 과학 실험 | 물리학실험(2), 화학실험(2), 생명과학실험(2), 지구과학실험(2) | 8 | 고급물리학실험(2), 고급화학실험(2), 고급생명과학실험(2) | 2 | 로봇공학기초실습(2), 천문학실습(2) |
| 계 | | | | 99 | | 40 | | 13 |
| 연구 활동 | 필수 | | 과제연구I(4), 과제연구II(4), 과제연구III(3), R&EI(4), R&EII(4), 졸업논문연구(3), 졸업논문발표(1) | | | | | 23 |
| | 선택 | | 창의융합연구I(2), 창의융합연구II(2), 위탁교육(2), 자연탐사(1), 이공계체험학습(1) | | | | | 2 |
| 창의적 체험활동 | 단체 활동 | | 총 120시간 이상 | | | | |
| | 봉사 활동 | | 총 90시간 이상(변경될 수 있음) | | | | |

출처: 서울과학고 홈페이지 2024학년도 교육과정 편제표 중

총 177학점(교과 152학점 이상, 연구활동 25학점 이상) 이상을 이수해야 졸업할 수 있다.

상대평가제로 운영되는 대다수 학교와 달리 영재학교는 절대평가제로 운영되지만, 전문교과를 살펴보면 이미 대학 수준으로 진도가 빠르고 내용이 깊다는 것을 알 수 있다. 연구활동 영역도 비중이 상당한데, 필수 과정을 이수하는 것은 물론이고 졸업논문까지 통과해야 졸업할 수 있다. 애초에 수·과학 학습 역량이 탁월한 아이라야 이 학교에 입학할 수 있지만 이후 과정도 만만치 않으므로 스스로 탐구하고 심화해 나갈 수 있는 역량을 갖춘 아이들에게 추천한다.

## 과학 인재로 가는 지름길, 세종과학고

세종과학고는 미래를 선도하는 창의적 과학 인재 양성을 목표로 운영되는 대표적인 서울권 과학고다. 총 이수 학점은 192학점 이상이며 교과(군)에서 174학점을, 창의적 체험활동에서 18학점(288시간) 이상을 이수해야 한다. 교과(군) 174학점 중 필수 이수 학점은 75학점이며, 자율 이수 학점 중 68학점 이상을 전공 관련 선택 과목으로 이수해야 한다.

교육과정 편성표를 보면, 전체 과목 중 수·과학 과목이 차지하는 비중이 매우 높다. 눈에 띄는 과목으로 '융합과학 탐구'를 들 수 있는데 1학년 때는 과학 분야, 2학년 1학기 때는 수학과 정보 분야를 연구하여 논문을 제출해야 한다.

| 구분 | 교과영역 | 교과(군) | 과목유형 | 세부 교과목 (기준 학점, 운영 학점) | 이수학점 | 필수이수학점 |
|---|---|---|---|---|---|---|
| 학교지정 | 기초 | 국어 | 공통 | 국어(8, 6) | 8 | 10 |
| | | | 진로 | 고전읽기(5, 2) | | |
| | | 수학 | 공통 | 수학(8, 6) | 6 | 10 |
| | | 영어 | 공통 | 영어(8, 6) | 11 | 10 |
| | | | 일반 | 영어I(5, 5) | | |
| | | 한국사 | 공통 | 한국사(6, 6) | 6 | 6 |
| | 탐구 | 사회 | 공통 | 통합사회(8, 6) | 6 | 10 |
| | | 과학 | 공통 | 통합과학(8, 6) | 19 | 12 |
| | | | 일반 | 생명과학I(5, 3) | | |
| | | | | 지구과학I(5, 3) | | |
| | | | 진로 | 물리학II(5, 2) | | |
| | | | | 화학II(5, 2) | | |
| | | | 진로(전문) | 융합과학 탐구(5, 3) | | |
| | 전문 | 과학계열 | 전문I | 심화 수학I(5, 6) | 12 | - |
| | | | | 심화 수학II(5, 6) | | |
| | | | | 고급 물리학(5, 6) | 22 | 22 |
| | | | | 고급 화학(5, 6) | | |
| | | | | 고급 생명과학(5, 5) | | |
| | | | | 고급 지구과학(5, 5) | | |
| | 체육예술 | 체육 | 일반 | 체육(5, 3) | 10 | 10 |
| | | | | 운동과 건강(5, 3) | | |
| | | | 진로 | 스포츠 생활(5, 4) | | |
| | | 예술 | 일반 | 음악(5, 3) | 5 | 5 |
| | | | 진로 | 미술 창작(5, 2) | | |
| | 생활교양 | 기술가정 | 일반 | 정보(5, 4) | 8 | 12 |
| | | | 진로 | 데이터과학과 머신러닝(5, 4) | | |

| 구분 | 교과영역 | 교과(군) | 과목유형 | 세부 교과목 (기준 학점, 운영 학점) | 이수학점 |
|---|---|---|---|---|---|
| 2학년 선택 | 기초 | 국어 | 일반 | 문학(5, 3) | 3 |
| | | | | 독서(5, 3) | |
| | | 수학 | 진로 | 인공지능 수학(5, 3) | 6 |
| | | | | 기하(5, 3) | |
| | | | 일반 | 미적분(5, 3) | |
| | | | | 확률과 통계(5, 3) | |
| | 탐구 | 사회 | 일반 | 경제(5, 4) | 4 |
| | | | | 세계사(5, 4) | |
| | | | | 생활과 윤리(5, 4) | |
| | | | | 세계지리(5, 4) | |
| | 전문 | 과학 | 전문I | 물리학 실험(5, 3) | 9 |
| | | | | 화학 실험(5, 3) | |
| | | | | 생명과학 실험(5, 3) | |
| | | | | 지구과학 실험(5, 3) | |
| 3학년 선택 | 기초 | 국어 | 일반 | 화법과 작문(5, 3) | 6 |
| | | | | 언어와 매체(5, 3) | |
| | | 영어 | 일반 | 영어II(5, 3) | |
| | | | | 영어독해와 작문(5, 3) | |
| | 생활교양 | 제2외국어 | 일반 | 일본어I(5, 4) | 4 |
| | | | | 중국어I(5, 4) | |
| | | 교양 | 일반 | 논술(5, 4) | |
| | 전문 | 과학계열 | 전문I | 고급 수학I(5, 4) | 32 |
| | | | | AP미적분학I(5, 4) | |
| | | | | AP일반물리학I(5, 4) | |
| | | | | conceptual물리학I(5, 4) | |
| | | | | AP일반화학I(5, 4) | |
| | | | | 유기화학I(5, 4) | |
| | | | | AP일반생물학(5, 4) | |
| | | | | 세포생물학(5, 4) | |
| | | | | 천문학 및 실험(5, 4) | |
| | | | | 정보과학(5, 4) | |
| | | | | 고급 수학II(5, 4) | |
| | | | | 선형대수학(5, 4) | |
| | | | | AP일반물리학II(5, 4) | |
| | | | | 현대 물리학I(5, 4) | |
| | | | | AP일반화학II(5, 4) | |
| | | | | 유기화학II(5, 4) | |
| | | | | 생태와 환경(5, 4) | |
| | | | | 생활 속의 생명과학(5, 4) | |
| | | | | 지질학 및 실험(5, 4) | |
| | 생교 | 기가 | 진로 | 인공지능과 미래사회(5, 4) | 4 |

출처: 세종과학고 홈페이지 2024학년도 교육과정 편성표 중에서

이외에도 과학적 사고력·문제해결력·창의력을 함양하는 활동인 '장영실 탐구대회', 2학년 전체 학생이 생태와 지질을 탐사하는 3박 4일 프로그램인 '자연탐사', 해외 우수 대학과 기관을 방문하고 교류하도록 돕는 '미래진로캠프', 수학·물리·화학·생물·지구과학·정보 중 한 분야를 정해 1년 동안 연구하여 탐구 능력을 신장시키는 'R&E 활동 및 발표' 등이 있다. 이 중 'R&E 활동 및 발표'로 얻은 산출물은 학종에서 탐구 역량을 입증하는 자료로 활용될 수 있다.

다른 과학고와 마찬가지로 요건이 충족되면 조기 졸업을 할 수 있는데, 2024학년도에는 졸업자 162명 중 50명이 조기 졸업 및 수료자였다. 다른 영재학교나 과학고와 마찬가지로, 학생이 의약학 계열로 지원할 경우 학교에서 진학 지도를 하지 않고, 졸업할 때 각종 수상 및 장학금 수여 대상에서 제외하며, 재학 중에 받은 장학금을 회수하는 등의 불이익을 준다.

## 올라운더 넘버 원, 외대부고

외대부고는 자타 공인 고입 열기를 가장 주도하는 학교다. 매해 대입 수시와 정시, 문과와 이과를 막론하고 최정상을 굳건히 지키고 있다. 대입 실적의 척도인 서울대 등록자가 매년 60명 안팎일 정도로 압도적이다. 게다가 이 실적이 수시와 정시 어느 한쪽에 쏠리지 않고 균형을 맞추는 것도 특징이다.

최근에는 대입 최대 관심사가 의대 진학인데 이 실적 또한 국내

**최정상급이다**(2024학년도 의약학 계열 합격생 127명). 흔히 의대 3대장으로 휘문고, 상산고, 외대부고를 꼽는데, 휘문고와 상산고는 의약학 계열에 집중하는 학교라 SKY 실적이 외대부고만큼 높지 않으며, 정시 실적이 높은 학교들이라 N수 비율도 높다. 휘문고나 상산고가 정시에 강점이 있는 학생이 가야 하는 학교라면, 외대부고는 수시와 정시를 가리지 않는다는 말이기도 하다. 이처럼 국내 대입 실적 및 의대 입학 실적도 압도적이지만 해외 대학 입학 실적도 경쟁력이 가장 높은 학교다.

2024학년도 외대부고 일반 전형 경쟁률은 3.24 대 1이었다. 하나고와 더불어 가장 높은 경쟁률인데 당분간 이 경쟁률은 유지될 수밖에 없다. 지금도 입시 실적이 가장 높지만, 개편된 2028 대입에서도 외대부고만큼 완벽하게 적응할 학교는 없기 때문이다.

외대부고는 대치동 인근 학생들이 가장 선호하는 전사고로도 유명하다. 서울과 경기도에 있는 전사고는 외대부고와 하나고뿐인데 하나고는 일반 전형에서 서울 거주 학생만 지원할 수 있어 서울권 자사고에 가깝다. 반면 외대부고 전형에는 지역 제한이 없어 경기도권 학생들도 지원할 수 있고, 주말마다 귀가할 수 있어서 대치동 학원가를 이용하고자 하는 아이들도 선호하는 학교다. 실제로 대치동, 분당, 평촌 등 교육 특구에 사는 아이들이 가장 선호하는 전사고이기도 하다.

## 수시와 정시의 완벽한 대비

수시로 대입을 준비한다면 학교의 교육과정, 제도, 지원이 반드시 뒷받침되어야 하므로 교육 환경이 뛰어난 학교일수록 수시 실적이 높다. 외대부고는 전사고 중에서도 훌륭한 교육 환경으로 손꼽히는 곳이므로 높은 수시 실적은 당연해 보인다. 하지만 이곳은 수시 못지않게 정시 실적도 뛰어나다. 수시 실적이 압도적으로 높은 하나고나 정시 실적이 압도적으로 높은 상산고와 확실히 대비된다. 수시와 정시 모두에서 뛰어난 실적을 낸다는 것은 탁월한 학생이 많고 면학 분위기가 좋은 것은 물론, 수시는 수시대로 정시는 정시대로 학교에서 적극적으로 지원하고 있다는 뜻이다.

학교에서는 진로 상담을 상시 마련하여 학생에게 수시와 정시 중 더 경쟁력 있는 전형을 알려주고 로드맵을 제안한다고 알려져 있다. 교과목도 수시나 정시 지원자가 자신에게 맞는 과목을 선택할 수 있도록 폭넓게 배치한다. 수능에 대비할 수 있도록 과목별 교사가 모의고사 문제를 직접 만들 정도로 교사들의 열정도 뛰어나다. 외대부고에서 만든 모의고사의 질은 사설 모의고사를 뛰어넘을 정도라고 알려져 있다.

또한 영어 및 제2외국어 심화 과목은 물론 고급 수학·물리학·화학·생명과학 등 자연과학 분야의 심화 과목도 개설되어 있어 수준 높은 연구 및 탐구 능력을 기를 수 있도록 돕는다. 동아리 연계도 잘 되어 있어서 수시를 준비하는 데 큰 도움을 받을 수 있다.

무엇보다 외대부고 내신 시험은 수능과 비슷한 수준과 유형이라는 점도 눈에 띈다. 보통 일반고 내신 시험은 범위도 좁고 암기형 문제가 많아 사고력을 요구하는 수능을 준비하려면 따로 공부해야 하는데, 외대부고의 내신 시험은 수능형이어서 내신 시험 공부가 곧 수능 시험 공부가 되기도 한다. 이 점은 수능 최저를 맞춰야 하는 학생이나 정시 전형을 준비하는 학생에게 큰 도움이 된다. 뛰어난 아이이지만 수시와 정시 중 어느 쪽에 더 경쟁력을 보일지 확실하지 않다면 외대부고를 추천하는 이유다.

### 수준 높은 연구 프로그램

외대부고의 대표 프로그램으로 소디포(소크라틱 디베이트 포럼), 유리프(유레카 리서치 프로그램), TTU(Think-Tank Ultimatum)가 있다. 소디포는 인문·사회·과학·기술·예술 등 다양한 분야의 책을 선정해서 읽고 토론하여 보고서를 제출하는 독서 토론 프로그램이다. 유리프는 수학 및 자연과학 심화 탐구 프로그램이다. 유리프에 참여하는 학생들은 친구나 멘토와 수시로 연구 방법을 논의하고 실험 및 활동한 후 연구 보고서를 작성한다. TTU는 학생 스스로 연구 주제를 선정한 후 그 결과를 종합하여 영어로 발표하는 형식이다. 발표 방식은 다양한데 TED 형식, 연극, UCC(사용자 제작 콘텐츠) 제작, 전시 중연구 결과를 표현하고 전달하기에 적절한 방식을 선택해 발표한다.

이 정도만 보면 '저 정도 프로그램은 어느 학교에서나 하는 활동 아닌가?'라고 생각할 수 있다. 맞다. 일반고에서도 이름만 다르지 흔히 볼 수 있는 프로그램이다. 하지만 외대부고 프로그램은 깊이와 수준이 남다르다. 일단 아이들이 스스로 탐구하고자 하는 심화 주제를 정하고, 조사하여, 보고서를 써낸다. 심화 주제는 단순히 어려운 주제가 아니라 과목별 융복합 주제여야 한다. 예를 들어 '국어' 과목의 '박씨전'에 대한 주제 탐구를 한다면, '박씨전에서 박씨가 3일 동안 축지법으로 이동한 거리를 물리적 방법으로 추정해 보고, 이를 통해 박씨의 축지법이 현실 세계에서 가능한지에 대한 과학적 접근'을 해보는 식이다. 국어와 물리를 융복합한 주제다. 윤동주의 시 '거미'를 주제로 잡고 탐구한다면 '1939년, 윤동주 시인이 살던 당시 도쿄의 기후변화 조건을 탐구하여 시에 등장한 거미의 생물학적 학명을 밝혀내고, 이 거미의 특징을 분석'하는 식이다. 국어, 생물, 지리를 융복합한 주제다.

융복합 주제는 외대부고 주제 탐구 활동의 가장 큰 특징이다. 일반고에서도 충분히 도전해 볼 수 있는 주제와 활동이지만 쉽지 않다. 이 정도로 높은 수준까지 활동하려는 아이가 많지 않아서다. 외대부고는 선발형 학교라 아이들의 도전 의식도 높지만, 조금 어렵고 힘든 주제라도 거부감이 생기지 않도록 학교에서 방향을 정확히 제시하고 독려한다. 그만큼 활동 보고서의 품질이 높을 수밖에 없다.

### 다양한 동아리와 높은 참여도

자사·특목고 유형의 학교라면 어디든 다양한 동아리 활동을 할 수 있도록 지원한다. 하지만 외대부고는 그중에서도 압도적이다. 외대부고 학생은 동아리 활동을 적어도 3개씩 한다. 진로와 연계한 동아리는 물론 관심 주제를 파고들 수 있는 동아리나 예체능 동아리에도 적극적으로 참여한다. 예를 들어 의대를 지망하는 아이라면 생물 동아리 활동은 당연히 하고 역사 동아리와 댄스 동아리 활동도 하는 식이다.

일반고의 경우 학업 또는 진로 연계 동아리가 아니라면 권하지 않는 분위기다. 아이의 학업이나 진로 연계 동아리 활동을 해도 일반고에서는 생기부가 잘 나오기 힘든 구조라서 그렇다. 하지만 외대부고는 아이들에게 다채롭게 할동하라고 추천한다. 다채로운 활동을 통해 융·복합적인 사고를 할 수 있도록 도우려는 의도다. 물론 단순히 여러 동아리에 참여한다고 해서 융·복합적 사고가 길러지지는 않는다. 하지만 외대부고 아이들은 동아리 활동조차 허투루 하지 않는다. 학업 역량도 뛰어나지만 승부욕도 강한 아이들이라 생물 동아리 활동만큼 역사 동아리 활동도 몰입해서 하다 보니, 자연스럽게 학문과 활동을 연계시키고 결국 학교가 원하는 융복합 인재로 거듭난다.

예체능 동아리라고 해서 다르지 않다. 기숙사 생활을 하는 아이들은 강한 압박감을 받곤 하는데, 스포츠나 예술 활동을 통해 스트레스를 풀기도 한다. 아이와 학교 모두 예체능 활동이 결과적으로 학업 활동을 돕는다는 점을 알고 있어서인지 예체능 동아리를 더 적극적으로 활용한다.

# 내일이 더 기대되는 학교, 하나고

외대부고 다음으로 경쟁률이 높은 학교는 어디일까? 바로 하나고다. 하나고는 2024학년도 일반 전형에서 여학생 경쟁률이 3.41 대 1을 기록했고, 그동안 2 대 1을 간신히 넘긴 남학생 경쟁률마저 2.65 대 1을 기록하며 고교학점제 이후 가장 주목받을 학교임을 증명했다.

하나고는 사회통합 전형에서 다문화가족 자녀와 군인 자녀를 전국 단위로 선발하므로 전사고로 불리지만, 일반 전형에서는 서울 지역 학생만 지원할 수 있으므로 서울권 자사고에 가깝다. 다만 서울시와 한 협약에 따라 강남·서초·송파 거주 학생은 모집 정원의 20퍼센트(40명) 이내로 제한한다(해당 지역 합격생이 20퍼센트를 넘는 경우는 아직 없었다고 한다).

하나고는 서울 전 지역에서 뛰어난 아이들이 몰리는 학교이기도 하다. 물론 뛰어나다는 기준은 상대적이어서, 교육 특구에서 자라는 아이와 평범한 구에서 자라는 아이 간에는 그 차이가 극명하다. 그런데 하나고에 합격한 아이들은 특정 구에 쏠리지 않는다. 그래서인지 내 경험에 따르면 하나고에 합격한 아이들은 외대부고나 상산고에 합격한 아이들에 비해 선행 학습 속도가 빠르지 않고 학업 역량도 눈에 띄게 높지 않다. 그런데도 서울대 수시 실적은 예고와 영재학교를 제외하면 하나고가 5년 연속 1위다. 이러한 결과는 하나고가 우수한 학생을 선발하기 때문이기도 하지만, 하나고만의 특색 있고 우수한 교육과정으로 학생을 더욱 탁월하게 길러내고 있다는 방증이기도 하다.

## 최고의 수시형 학교

하나고는 매년 40~60명 정도의 아이들을 서울대에 보내고 이 중 대다수 아이가 수시로 합격한다. 수시 실적만 따지면 하나고가 압도적 1위인데, 더 대단한 것은 한 학년의 학생 수가 200명이라는 점이다(외대부고와 상산고는 정원이 각각 350명과 330명이다). 네 명 중 한 명이 서울대에 가는 셈이다. 이는 서울대가 가장 원하는 인재를 길러내는 하나고만의 강력한 시스템이 있다는 말이다.

학업 역량에 진로 및 활동 역량까지 뛰어난 아이라면 하나고보다 좋은 선택지가 없다. 전사고에 들어간 아이들의 적응도를 결정하는 요소 중 하나가 선행 학습 여부와 정도다. 뛰어난 아이들이 모여 있다 보니 출발선이 조금만 앞서도 따라잡기 어려워서다. 그런데 하나고는 외대부고나 상산고보다 선행 학습 여부와 정도가 학교 적응에 미치는 영향이 덜하다. 교육과정이 특화되어 있어 일반적인 선행 학습으로는 그 과정을 커버할 수 없어서다. 선행 학습을 많이 하지 않았더라도 학업 및 활동 역량이 탁월하다면 하나고를 가장 추천하는 이유다.

## 무계열 개방형 교육과정과 블록제 수업

하나고 수업의 가장 큰 특징은 무계열 개방형 교육과정이다. 하나고는 매 학기 개설되는 교과목이 90개에 이를 정도로 매우 다양한데, 2학년부터는 모든 과목을 계열의 구분 없이 자유롭게 선택할 수 있고, 수강 취소도 가능하다. 고교학점제에서 지향하는 과목 선택권을 학생에게 온전히 넘긴 셈이다.

물론 선택권이 보장되는 만큼 책임도 커진다. 학종에서는 등급만큼 과목 구성도 매우 중요한데, 별생각 없이 과목을 수강했다가는 원서를 쓸 때 발목이 잡히기도 한다. 수강 과목만큼 '학업 태도'와 '전공(계열) 관련 교과 이수 노력'을 잘 보여주는 지표도 없기 때문이다. 반대로 선택 과목을 잘 활용하면 '학업 태도'와 '전공(계열) 관련 교과 이수 노력'을 돋보이게 할 수 있다. 이러한 교육과정은 일반고는 물론 다른 자사고와도 확실히 차별화할 수 있는 하나고만의 경쟁력이다. 당연히 서울대 학종에서 압도적인 실적을 낼 수 있는 기반이기도 하다.

블록제는 한 교과의 수업이 두 번 연속 붙어 있는 형태를 말한다. 예를 들어 국어-수학-사회-과학-미술이 아니라 국어-국어-수학-수학-사회-사회와 같이 블록처럼 한 과목을 2교시 연속 배치하여 총 100분 간 진행하는 수업이다. 수업을 블록제로 운영하는 이유는 더 적극적인 '학생 참여' 수업을 만들기 위해서다.

강의형 수업은 교사가 설명하고 학생은 듣는 일방향 수업이 많다. 교사가 이미 정리된 내용을 학생에게 전달하는 방식이라 50분씩 배치해도 충분하다. 하지만 토의, 토론, 발표처럼 학생이 참여하여 스스로 결론을 도출해 내야 하는 쌍방향 수업은 50분 안에 마치기 어렵다. 수업에서 대주제는 교사가 정하지만 세부 주제는 학생들이 모둠별로 정해야 하고, 결론을 도출하여 정리하려면 상당한 시간이 필요하기 때문이다. 이런 수업을 원활히 진행하기 위해 도입한 제도가 블록제다. 이런 블록제는 고교학점제와도 잘 연계된다.

고교학점제는 학생들이 스스로 적성에 맞는 수업을 찾아 듣고, 수업에 적극적으로 참여하여 성장하는 것을 목표로 한다. 교육부는 고교학점제를 정착시키기 위해 과정 평가를 강화하고 지필 시험에서도 논·서술 비중을 높이길 권고한다. 하지만 상대평가 시스템이 유지되는 한 고교학점제가 목표를 향해 나아가기는 쉽지 않아 보인다. 결과 평가와 객관식 문항 중심의 시험에 비해 과정 평가와 논·서술 문항 중심의 시험은 시간과 비용이 많이 들고 주관적 평가가 개입될 여지가 많아서다. 이런 어려움에도 불구하고 하나고는 이미 고교학점제를 모범적으로 도입한 학교다. 100분이라는 넉넉한 수업 시간 동안 아이들이 창의적이고 적극적으로 수업을 활용할 수 있기 때문이다.

### 1인 2기 활동

하나고에서는 모든 학생이 방과 후 수업으로 주 4회(회당 90분) 예술과 체육 강좌를 2개씩 수강해야 한다. 바이올린, 기타, 축구, 야구 등 90여 개의 강좌가 개설되어 있는데, 단순히 강습을 받게 하는 수준을 넘어 공연, 전시회, 토요 스포츠 등으로 이어질 수 있도록 지원한다. 교과 활동과 더불어 비교과 활동에 대해 강제성을 부여한 셈이다.

하나고가 1인 2기를 도입한 이유는 크게 두 가지인데, 첫 번째는 학생들의 스트레스를 해소해 주기 위해서다. 하나고는 다른 자사고들과 달리 한 달에 한 번만 귀가를 허용한다. 거의 모든 시간을 또래와 함께 학교에서 보내는 셈이다. 그런데 그 모든 시간이 즐거울 리 없다. 몸과 마음이 힘들고 지치는 시간이 누구에게나 온다. 그때를 잘 넘기려면 평소에 심신을 단련하는 활동이 필요하다. 바로 그런 예체능 활동이 1인 2기다. 하나고는 자체적으로 예체능 활동을 보장함으로써 학생들의 전인교육과 심신 관리에 힘쓰고 있다.

두 번째는 실리적인 이유로, 서울대 학종을 준비하기 위해서다. 하나고는 서울대를 수시, 그중에서도 학종으로 가장 많이 보내는 학교다. 그 중심에 1인 2기가 있다는 말도 있다. 서울대는 다른 대학에 비해 예체능 활동도 중요시하기 때문이다. 특히 체육 활동은 체력 증진뿐 아니라 팀별 활동을 통한 공동체 의식이나 배려와 같은 인성을 확인하기에 좋은 지표다. 1인 2기가 서울대 합격을 결정짓지는 않지만 나 역시 이런 예체능 활동이 서울대 입시에 어느 정도 영향을 끼친다는 말에는 동의한다.

### 국제학술심포지엄

국제학술심포지엄은 해외 고등학교의 학생들과 함께 매해 바뀌는 주제에 대해 발표하고 토론하는 프로그램이다. 교내 참여자는 200명 안팎이며, 제안서 심사를 통과한 연구팀은 3개월 이상 수행한 연구 내용을 토대로 책자 제작, 문화 교류 행사 및 기획 등에 직접 참여한다. 3~6개 국가 10개 안팎의 고등학교 교사와 학생이 참여하는 프로그램으로 학술적·문화적 교류를 통해 미래에 대한 비전을 공유하고 상호 이해를 증진한다. 한 주제를 깊게 탐구하고 시야를 넓히는 기회로 활용할 수 있다.

## 의대 진학에 특화된 명문 사관학교, 상산고

상산고의 교육 목표와는 별개로, 밖에서는 상산고를 '의대를 가장 많이 보내는 고등학교'로 바라본다. 2024학년도에 의대만 150명 넘게 합격했으니 틀린 말은 아니다.

상산고가 의대를 가장 많이 보내는 고등학교가 되기까지 두 가지 요소가 큰 역할을 했다. 하나는 『수학의 정석』을 쓴 설립자의 이미지가 있었기 때문이고, 다른 하나는 학생 선발 시 수·과학 테스트를 통해 선발하는 방식을 취하기 때문이다. 이 두 요소 덕분에 수·과학에 자신 있는 이과형 아이들이 몰려들었고, 이 아이들 대다수가 의과 계열로 진학하길 원하면서 자연스럽게 의대 실적이 높아진 것이다.

물론 2028 대입에서는 상산고의 위상이 어떻게 변할지 지켜봐야 한다. 그동안 상산고는 수능 과목 중심으로 수업을 배치하여 정시에 집중하는 전략을 취했다. 이는 선택 과목 확대를 통해 학생들에게 과목 선택권을 보장하고자 하는 고교학점제와 충돌하는 전략이다. 물론 상산고 역시 고교학점제에 맞춰 교육과정을 개편해 나가겠지만 어느 정도까지 개편할지, 개편안이 얼마나 높은 실적을 보여줄지는 지켜봐야 한다.

지역인재 요건 강화 이슈 역시 주목할 지점이다. 2025학년도부터는 지역인재가 되려면 중학교 입학부터 고등학교 졸업까지 총 6년을 해당 지역에 거주해야 한다. 따라서 중학생 때부터 호남권에서 산 아이가 아니라면 상산고(전라북도 전주시 소재)에서는 지역인재 전형을 쓸 수 없다. 쓸 수 있는 카드가 줄어든 셈이라, 수도권에 사는 중학생이라면 상산고와 함께 거주 지역의 일반고나 자사고 중 어느 곳이 의대를 가기에 유리할지 한 번 더 고민해야 할 것이기 때문이다.

그럼에도 나는 2028 대입에서도 상산고의 위상은 흔들리지 않으리라 전망한다. 정시 비율이 높아진 현재도 그렇지만, 수시 비율이 월등하게 높았던 2018년 이전에도, 논술이 꽤 높은 비율을 차지했던 2000년대 초반에도 상산고는 언제나 의대 실적이 높았기 때문이다. 상산고 역시 대입 변화에 그만큼 빠르게 적응해 왔다는 말이고, 앞으로도 발빠른 적응력을 보여줄 거라 믿는다. 게다가 의대 진학에 특화된 학교라는 강점은 의대 정원 확대 이슈와 맞물려 더욱 주목받을 것이다. 지금과 같은 의대 열풍이 지속되는 한 상산고의 위상은 흔들릴 일이 없어 보인다.

### 빠르고 광범위한 수·과학 진도

상산고는 한 해에 의약학 계열로만 합격생을 200명 이상 배출한다. 즉, 의약학 계열을 희망하는 학생 중 대치동 인근에 살면서 사교육 인프라를 이용하고 싶은 경우가 아니라면 상산고보다 나은 선택지는 없다. 이 학교 학생들의 선호가 의약학 계열에 집중되다 보니 학교의 교육과정도 의약학 계열을 꿈꾸는 이과생에게 맞춰져 있고, 그만큼 수·과학 진도가 굉장히 빠르다. 예를 들면 고2 1학기에 수학 I과 수학 II를 모두 배운다. 과학은 트랙 1을 선택하면 고2 1학기에 물리·화학·생물·지구과학 I의 4과목을, 2학기에 물리·화학·생물·지구과학 II의 4과목을 배운다. 트랙 2를 선택하면 고2 1학기에 물리·화학·생물·지구과학 I 중 3과목을, 2학기에 물리·화학·생물·지구과학 II 중 3과목을 배운다.

빠른 진도가 어떻게 장점이 될까 싶은데 학생들만 잘 따라주면 꽤 큰 장점이다. 입시 공부는 배운 내용을 얼마나 잘 다지느냐의 싸움이다. 진도가 빠르면 남는 시간만큼 배운 내용을 다지고 응용하는 심화 학습 시간으로 쓸 수 있기 때문이다. 물론 진도를 빠르게 하려면 학생들의 학업 수준이 높아야 하고, 학교와 교사들의 충분한 지원이 있어야 한다. 일반고가 따라 하고 싶어도 못하는 이유다.

상산고는 수·과학 진도가 빠르므로 학생들은 확보한 시간만큼 심화 학습을 하거나 수능을 준비하는 데 쓸 수 있다. 다른 전사고보다 정시에 훨씬 유리한 구조다. 그래서 수·과학 진도와 수준을 맞출 수 있는 이과 학습 역량이 뛰어난 아이라면 다른 전사고보다 적응하기가 오히려 수월하다. 영재·과학고를 준비하며 고등 수학 과정을 미리 학습했거나 수·과학 학습에 호감도가 높아 고등 수학 과정까지 탄탄히 다져온 아이라면 상산고에서도 잘 적응하는 편이다.

상산고에서는 정규 수업 이외에도 심화 보충 수업인 방과 후 특강을 자유롭게 선택할 수 있다. 방과 후 특강은 하루 3시간씩 야간 자율학습 시간에 교사들이 진행한다. 기초 과목부터 심화 과목까지 다양하게 배치되므로 부족한 부분을 보충하기에도, 원하는 과목을 파고들기에도 좋다. 원하는 과목을 자유롭게 선택하고 교사에게 궁금한 내용을 바로 묻고 해결할 수 있는 구조라 수능을 대비하기에도 더없이 좋다. 예를 들어, 미적분 실력 향상 반이라면 교사가 만들어 배포한 문제를 풀고 채점한 뒤 모르는 문제를 그 자리에서 바로 물어보고 피드백을 받는 식이다.

학교의 수·과학 진도가 빠른 만큼 아이는 선행 학습이 어느 정도 되어 있어야 적응하는 데 유리하다. 이과 중심 학교이다 보니 수·과학 학업 역량이 받쳐주지 않으면 어려움이 따를 수밖에 없다. 문과형 아이에게 이 학교를 권하지 않는 이유다. 대다수 학생이 의대를 목표로 공부하는 분위기라 진로가 바뀌면 고민될 수 있다. 하지만 이 부분은 크게 걱정하지 않아도 된다. 의대 합격자에 가려져 있어 그렇지 서울대와 주요 대학 진학 실적에서도 상산고는 매해 순위권을 달리는 학교이기 때문이다.

### SSEP와 양서 읽기

상산고는 대표적인 정시형 학교이지만 수시 프로그램도 잘 마련되어 있다. 그중 대표적인 프로그램이 SSEP와 양서 읽기다. SSEP(Sangsan Self Empowerment Program, 상산 자기 역량 강화 프로그램)는 정규 수업과 연계하여 고차원의 궁금증에 대한 해결 방안을 모색하고, 심화 탐구 활동을 이어갈 수 있도록 돕는 팀별 과제 연구 프로그램이다. 학생들이 스스로 과제를 정하고, 과정을 계획하고 탐구하며 실행한다. 담당 교사는 전 과정을 관찰하고 조언하며 기록하는데, 기록한 내용은 과목별로 교사들이 학생의 세부 능력과 특기 사항을 작성할 때도 참고 자료로 활용된다. SSEP는 학업 역량과 탐구력을 동시에 보여줄 수 있는 활동이므로 학종에 최적화된 프로그램인 셈이다. 과제 연구팀이 100개가 넘을 정도로 학생들이 활발히 참여하는데, 수·과학 계열 연구팀과 인문사회 계열 연구팀이 8 대 2 비율이다.

양서 읽기는 1학년이 참여하는 창의적 체험활동으로, 1주일에 2시간씩 정규 수업 시간에 양서를 탐독한다. 양서는 필독서 50권과 권장 도서 50권으로 구성되어 있는데 주로 고전과 수·과학서다. 양서와 관련된 분야를 전공한 교사가 담당 교사가 되어 분석·토의·토론 등 다양한 형식으로 진행한다. 양서에는 토머스 쿤의 『과학혁명의 구조』나 존 스튜어트 밀의 『자유론』처럼 읽기 어려운 책도 포함되는데, 학생 입장에서는 혼자라면 못 읽을 책을 친구들과 함께 읽거나 교사에게 도움을 받으며 읽을 수 있으니 매우 유용하다. 이렇게 말하면 "입시에 독서 기록은 쓰이지 않는 데 의미가 있나요?"라는 물음이 나온다. 맞다. 이제는 독서 목록이 대입에 쓰이지 않는다. 하지만 독서는 생기부 항목 중 세특이나 창체에 자연스럽게 녹아드는 부분이라 의미가 없지 않다.

### 의과학 활동

상산고 하면 빼놓을 수 없는 게 의과학 활동이다. 입학할 때부터 의대를 염두에 두고 온 아이도 많거니와 의대 실적까지 높다 보니 자연스럽게 의과학 동아리가 많다. 그만큼 선배들이 해온 주제 탐구 활동이 많다는 말인데, 후배들은 선배들이 남긴 주제 탐구 활동을 더욱 발전시켜 나아가기 때문에 수준과 질이 꽤 높다. 이런 선순환 구조가 의약학 계열 입시 실적에도 자연스럽게 반영된다.

의과학 활동은 지원자가 많아 활동이 세분되어 있다. 생명과학이나 의과학 기초 동아리부터 생명공학이나 의공학 같은 융합 동아리는 물론 인수공통감염병 같은 세부 주제까지 다루는 다양한 동아리와 활동이 있다. 자연스럽게 만들어진 상산고 동아리만의 차별점이다. 이런 내용을 잘 활용하면 경쟁력 있는 생기부를 완성할 수 있다.

## 대표적인 지역 명문 학교, 김천고

1931년에 설립된 김천고는 역사와 전통이 있는 남자 고등학교로, 포항제철고와 함께 경상북도에 소재한 전사고다. 서울대 수시에서 꾸준한 실적을 낼 만큼 학교 프로그램이 잘 짜인 곳으로도 유명하다. 한 학년 정원이 200명 남짓인데, 2024학년도에 서울대에만 수시로 9명, 정시로 5명을 합격시켰고, 의약학 계열에 32명, 연세대와 고려대에 39명, 카이스트에 35명을 합격시킬 정도로 역량 있는 학교다.

## 3학기제

김천고는 정규 1, 2학기에 겨울학기를 덧붙여 3학기제로 운영된다. 겨울학기는 1·2학년을 대상으로 26일간 운영되며, 이때 학생들은 진로와 희망에 따라 최대 6학점까지 들을 수 있다. 수업은 AP통계학, AP심리학, AP미시거시경제, 인지과학, SAT물리, 화학, 생명과학 등 총 39개가 개설된다. 이수 과목은 모두 평가를 거쳐 생기부에 기재되는데 심화 및 탐구 역량을 드러낼 수 있는 지표이므로 학종을 준비하는 학생에게 매우 유리하다. 3학기제는 학생들에게 수업 선택권을 넓히는 장점이 있는데, 이 부분은 고교학점제의 취지와 맞닿는 부분으로 고교학점제가 전면 도입되는 2025학년도에 더욱 빛을 발할 제도라는 뜻이다.

## 송설인 만들기와 독서 신장 프로그램

송설인 만들기는 학생들의 인성 함양을 위해 만들어진 프로그램으로 송설삼품제(송설은 김천고 설립자의 호인 송설당에서 따온 것이다), 학습 플래너 작성제, 휴대폰 디톡스 등이 대표적이다. 송설삼품제는 지·덕·체를 기를 수 있도록 다양한 활동에 참여하도록 독려하는 비교과 프로그램으로 이 학교 특유의 인증 제도다. 학습 플래너 작성제는 말 그대로 모든 학생이 의무적으로 학습 플래너를 쓰게 하는 제도로, 자기주도학습 역량을 기르는 데 도움이 된다. 또한 교사에게 수시로 조언을 들을 수 있어 학습 계획을 세우고 실행하는 데 도움을 받을 수 있다. 요즘 가장 주목받는 프로그램은 교내 휴대폰 반입을 금지하는 휴대폰 디톡스다. 휴대폰 디톡스는 학습 집중도를 높이고 의사소통력을 높이는 데 한몫하고 있다(노트북과 학습 패드는 사용할 수 있다).

독서 신장 프로그램으로는 클라시쿠스 세미나와 토마독이 대표적이다. 클라시쿠스 세미나는 전교생이 3년 동안 4개 영역의 고전을 각각 2권 이상 읽는 프로그램이다. 담당 교사 한 명과 학생 5~10명이 팀을 꾸려서 함께 책을 읽고 주제를 정해 토론한다. 고전이라고 하지만 유발 하라리의 『사피엔스』, 마이클 샌델의 『공정하다는 착각』, 피터 왓슨의 『컨버전스』처럼 필독서로 읽히는 책도 포함된다. 토마독은 월 1~2회 토요일 오후 1시부터 10시까지 도서관에 모여 책을 읽는 프로그램이다. 60~70명이 각자 읽고 싶은 책을 골라 읽고, 독서기록일지와 소감문을 작성한다. 이외에도 독서를 돕는 프로그램으로 문화기행, 마라톤 독서, 대학 연계 독서능력 강화 수업 등이 있다.

전사고는 이외에도 수도권에 인천하늘고(인천)가 있고, 비수도권에 민사고(강원), 북일고(충남), 포항제철고(경북), 현대청운고(울산), 광양제철고(전남)가 있다. 민사고를 제외하면 이들 전사고는 수시형 학교이거나 수시 비중이 높은 학교들이다. 수시 비중이 높다는 말은 학교 운영 프로그램이 충실하고, 참여와 활동을 적극적으로 지원하는 학교라는 뜻이다. 수도권에서 멀다는 게 유일한 약점인데, 하나고나 외대부고보다 경쟁률과 합격선이 높지 않으므로 학교에 지원하거나 다니기에는 오히려 부담이 덜하다. 물론 학교별로 특장점이 있으므로 학교 홈페이지를 꼼꼼히 확인하고, 설명회에 참석해 보길 권한다. 특히 하나고나 외대부고를 준비했다가 중3 주요 과목에서 내신으로 B를 받은 아이라면 지원해 보길 권하는 학교들이기도 하다. 그만큼 장점이 많고 대입 실적도 워낙 좋은 학교들이기 때문이다.

## 서울권의 유일한 기숙형 외고, 명덕외고

외고는 경쟁률이 2015학년도에 2.31 대 1로 최고점을 기록한 후 급격하게 내림세에 접어들었고, 2022학년도에는 0.98 대 1로 미달이 될 정도로 인기가 식었다. 당시 대입 환경이 이과 중심으로 바뀐 데다 2025학년부터 외고가 일반고로 전환되는 정책이 맞물리며 입학을 꺼리는 학생이 늘었기 때문이다. 하지만 2024년 1월에 자사고·외고·국제고의 일반고 전환 계획이 백지화되었고, 대입 환경 역시 문과생에게 따르던 불이익이 줄면서 외고는 기존 인기를 되찾고 있다. 실제로 2023학년도에는 1.13 대 1로 경쟁률을 회복했고, 2024학년도에는 1.31 대 1로 상승세로 접어들었다. 2025학년도부터는 외고도 외국어 수업을 줄이고 국제 계열 전문교과를 자유롭게 개설할 수 있고, 수능도 문·이과 통합형으로 바뀌면서 문과생에게도 이과로 가는 문이 활짝 열릴 거라는 기대감에 외고의 인기는 더욱 높아지고 있다.

명덕외고 역시 2023학년도 일반 전형 경쟁률이 1.81 대 1로 크게 올랐고, 2024학년도에도 1.52 대 1로 인기를 유지했다(전년도에 비해 경쟁률이 낮아진 이유는 서울권 외고가 원서 접수를 같은 날 진행해서다). 그동안 명덕외고는 서울대에 25~30명, 연고대에 100~150명을 합격시킬 만큼 뛰어난 입시 실적을 보여왔고, 거의 모든 입시 전문가가 문과생에게 적합한 최고의 고등학교로 외고를 꼽는 만큼 입시 실적은 더욱 좋아질 것으로 보인다.

### 전교생이 기숙사 생활을 하는 학교

명덕외고는 서울권 외고 중 유일하게 전교생이 기숙사 생활을 하는 학교다. 전사고는 전국에서 학생이 입학하므로 기숙사가 있는 게 당연하지만, 외고는 지역 선발형 학교이다 보니 전교생이 기숙사 생활을 하는 경우는 꽤 드물다. 고등학교를 선택할 때 통학 거리를 고려하지 않을 수 없는데, 그런 면에서 명덕외고는 서울 어느 지역에 살든 부담 없이 지원할 수 있고, 생활 및 학업 관리 면에서도 부모의 부담을 줄일 수 있어 학부모 선호도가 높은 편이다.

기숙형 학교는 아이가 적응만 잘하면 통학형 학교보다 학업 면에서 훨씬 유리하다. 정규 수업 → 방과 후 수업 → 야간 자율학습 → 기숙사 복귀 시스템이라 중간에 뜨는 시간이나 이동하느라 버려지는 시간이 없기 때문이다. 물론 기숙사 생활을 부담스러워하는 아이가 있을 수 있다. 생활과 학업을 온전히 자신이 책임지고 관리해야 하기 때문이다. 하지만 그런 아이라도 명덕외고는 절충지가 될 수 있다. 자사고와 달리 주말은 물론 수요일에도 기숙사에서 벗어날 수 있기 때문이다. 기숙사에서 벗어나는 시간이 많은 만큼 이 시간을 잘 이용하면 부족한 학업을 원하는 형식으로 자유롭게 보충할 수 있다.

## 서울권 외고에서 가장 많은 동아리 숫자

외고는 절대 다수가 수시형이고, 그중에서도 학종형 학교다. 당장 2024학년도 대입에서 수시 전형으로 서울대에 학생을 가장 많이 보낸 고등학교를 살펴보면 여섯 곳 중 세 곳이 외고다(하나고(31명)-외대부고(28명)-대원외고(24명)-명덕외고(22명)-민사고·한영외고(21명) 순(예체능계와 영재학교 제외), 출처: 베리타스알파). 문과 계열로만 이 정도 실적을 낸 것이므로 엄청난 실적임에 틀림없다. 수시 실적이 이렇게 높다는 것은 외고들이 그만큼 학생들에게 학업 및 입시 지원을 잘하고 있다는 뜻이기도 하다.

특히 명덕외고는 동아리 활동을 잘 지원하는 학교로 유명하다. 정규 동아리 수만 40개에 이르는데, 서울권 외고 중 동아리 수가 가장 많다. 그만큼 학생들이 원하거나 필요로 하는 동아리를 더 자유롭게 선택할 수 있어 좋다. 문과형 학생이 주로 모여 있다 보니 어문·인문 계열은 물론 경제·사회 계열 동아리도 많다. 이 중 경제나 법 관련 동아리가 가장 인기가 많다. 이외에 공연 동아리가 있고, 많지 않지만 수·과학 융복합 동아리도 있다.

## 영어과가 있는 외고

외고 하면 가장 먼저 떠올리는 학과가 '영어과'다. 그런데 이것은 외고 현황을 모르고 하는 소리다. 당장 서울권 외고 여섯 곳 중 세 곳(대원·대일·한영 외고)에 영어과가 없다. 영어과를 폐지한 외고는 외고생이라면 영어는 기본 소양이므로 전공으로 따로 배울 게 아니라 영어가 아닌 제2외국어를 전공해야 한다는 입장이지만, 영어과를 유지하는 외고는 기본 소양을 뛰어넘는 수준 높은 영어를 익히는 전공자가 여전히 필요하다는 입장이다.

두 입장 모두 일리가 있지만 외고를 가려는 아이로서는 영어과가 있는 학교를 더 선호할 수밖에 없다. 영어과를 지원하려는 아이 중에는 영어를 깊게 전공하고 싶은 아이도 있지만, 영어 말고 따로 전공하고 싶은 외국어가 없을 수도 있기 때문이다. 외고생 중에는 어문 계열보다 경제·사회 계열 대학에 들어가고 싶어 하는 학생이 많은데, 이 아이들은 영어가 아닌 전공 언어를 따로 고를 이유가 없다. 실제로 영어과는 영어도 잘하지만 다른 교과목도 잘하는 인재가 가장 많이 몰리는 학과다.

그런 의미에서 영어에 거부감도 없고 잘하는데 경제·사회 계열로 진학하고자 하는 아이라면 서울권 외고 중 영어과를 유지하고 있는 명덕외고가 특히 유리할 수 있다. 명덕외고는 영어과를 긍정적으로 보는 입장이라 당분간 유지할 것으로 판단되기 때문이다.

물론 변수는 있다. 2025학년도부터는 외고와 국제고가 통합되므로, 외고도 외국어 수업을 줄이고 국제 계열 전문교과를 늘릴 가능성이 크다. 주요 대학도 어문 계열 학과를 줄이려는 움직임이 나타나고 있다(한국외대 글로벌캠퍼스는 2024학년도부터 13개 어문 계열 학과의 신입생 모집을 중단했고, 덕성여대도 2025학년도부터 독문·불문과의 신입생 모집을 중단한다). 이런 변화에 발맞춰 외고마다 전공을 신설하거나 축소 및 폐지할 가능성이 크다. 따라서 외고에 가고 싶다면 학교별 입시 요강을 꼼꼼히 비교·확인한 후에 정해야 한다.

명덕외고 이외에도 서울권 외고에는 대원·대일·서울·이화·한영외고가 있다. 이 중 대원외고는 다른 외고와 비교하기 힘들 정도로 높은 실적을 내고 있다. 다른 외고보다 수시 실적도 높지만 정시 실적이 압도적으로 높다. 당장 2024학년도 입시만 보더라도 외대부고 다음으로 서울대 합격자를 많이 배출한 학교로, 무려 45명을 합격시켰다. 보통 2위권 외고로 한영외고, 명덕외고, 대일외고를 꼽는데 이 학교들은 각각 12위, 14위, 25위로 서울대 합격생이 20명 내외여서 대원외고와는 크게 차이가 난다(출처: 베리타스알파).

서울대 입시 실적에서 1위를 차지한 외대부고와 달리 문과 계열로만 이런 실적을 냈다는 걸 알면 놀랄 정도다. 이처럼 대원외고는 의심할 여지 없이 좋은 학교다. 물론 그만큼 일반 외고에 다니는 아이들과는 차원이 다른 경쟁을 치러야 한다. 예를 들어 전형적인 문과형 학생이 가기엔 수학을 꽤 잘하는 친구들이 많고, 학교 위치도 대치동 인근이라 입학생들의 학업 역량이 매우 높으며 선행 학습 진도도 빠르다. 하지만 '하이 리스크, 하이 리턴'이다. 위험을 감수하고서라도 입학하여 이겨낸다면 이보다 좋을 수 없는 외고다.

외고를 말하면 국제고도 궁금할 수 있다. 대표적인 국제고인 서울국제고를 중심으로 가볍게 살펴보자. 외고와 국제고는 입학 전형이 쌍둥이처럼 닮았다. 즉 성적 반영 방식이나 자소서 구성, 면접 등이 거의 같다. 하지만 입학한 후 학제 과정에서는 약간 차이가 있는데, 외고가 어학 계열의 수업 시수가 많다면 국제고는 국제 계열 수업 시수가 많다. 그리고 대부분의 수업이 영어로 진행된다는 특징도 있다. 즉, 외고보다 더 외국 학교 같은 느낌이 강하게 드는 학교다. 따라서 해외 대학 입학을 고려하는 경우라면 국제고는 가장 좋은 선택지다. 다만 서울국제고를 비롯해 모든 국제고가 국내 대학 실적을 따로 발표하지 않으므로 국내 대학 수시에서 얼마만큼 잘 대응하는지는 정확히 확인하기 어렵다.

## 나는 그곳을 원해서 간다, 일반고

지금까지 자사·특목고 그중에서도 인기 있는 학교를 중심으로 살펴보았다. 자사·특목고에 대한 설명을 들은 부모들은 왠지 내 아이를 자사·특목고로 보내야 할 것만 같다고 말한다. 이런 분위기는 아이들 사이에서도 그대로 전해진다. 중3 교실이 너도나도 자사·특목고로 가야 하는 분위기로 바뀐다. 일반고는 자사·특목고에서 떨어지면 가는 곳이라고 여기기도 한다.

절대 그렇지 않다. 지금도 그렇지만 2028 대입부터는 더더욱 개인 맞춤 전략이 필요하다. 아이 성향에 따라 강한 분야도 있지만, 어느 분야에 더 시간을 투자하느냐에 따라 결과가 달라지기도 해서다. 학년별, 월별, 주별로 하루 24시간을 어디에 더 투자하고 신경 쓰느냐로 결과가 달라지기도 한다. 당연히 아이마다 입학해서 더 잘할 수 있는 고등학교와 더 수월하게 결과를 낼 수 있는 고등학교가 다 다르다. 그곳이 꼭 자사·특목고일 리 없다는 말이다.

반복해서 말하지만, 자사·특목고는 입학하기도 힘들지만 입학한다 해도 치열한 내신 경쟁에 내몰릴 가능성이 크다. 경쟁을 이겨내지 못하면 원하지 않는 결과를 받아들여야 한다. 일반고 역시 최상위권 내신은 자사·특목고 못지않게 치열하지만 전반적인 스트레스는 훨씬 덜하다. 일반고는 특화된 프로그램이나 고급 및 심화 수업이 적은 대신 개인 시간이 많으므로 이런 시간을 잘 활용하면 맞춤 학습이나 활동을 하기에 좋다. 그래서인지 분위기에 휩쓸리지 않고 자기 공부를 해나가는 아이라면 자사·특목고에 갔을 때보다 오히려 좋은 결과를 받기도 한다.

부모는 아이와 함께 고등학교를 객관적으로 비교·평가한 후 아이가 입학해서 잘 적응할 수 있고 대학도 수월하게 갈 수 있는 고등학교를 몇 곳 추려 정보를 업데이트해 나가야 한다. 그리고 주기적으로 아이와 고입에 관한 이야기를 나눠야 한다. 아이 중에는 중3 입학 후, 1학기 때, 여름방학 때, 2학기 때, 원서 쓰기 직전 등에 지원 학교를 바꾸기도 한다. 그때 준비하면 늦다. 객관적인 자료를 미리 준비하고 있어야 그때그때 이야기를 나눌 수 있고, 그래야 아이가 학교를 선택하거나 변경하려 할 때 바르게 안내할 수 있다. 자사·특목고냐 일반고냐가 아니라 구체적으로 몇 학교를 후보지로 골라 면밀하게 검토하고 업데이트해 나가자. 선택은 아이의 몫이지만, 그 선택을 잘할 수 있도록 옆에서 돕는 게 부모의 역할이다.

충분히 고민하고 결정해야 나중에 후회하지 않는다. 그렇게 선택한 일반고라면 결코 미련이 남지 않는다. 마찬가지로 그렇게 선택한 자사·특목고라야 잘 적응해서 다니고, 설사 자사·특목고 입시에서 떨어져 일반고에 가더라도 낙담하지 않고 잘 다닌다. 일반고에 가고 싶어 하고, 일반고에 가서도 잘할 아이를 굳이 자사·특목고로 떠밀지 않길 바란다.

2028 대입에서는 교과도 학종처럼 생기부 평가를 추가하고 수능 최저를 맞춰야 하는 대학이 늘 것이다. 그렇다 해도 교과는 내신 성적이 핵심이다. 학종이 자사·특목고를 위한 전형이듯, 교과가 일반고를 위한 전형이라는 사실이 변하지 않는다는 말이다. 어떤 입시 정책도 일반고나 자사·특목고 중 어느 한쪽에 유리하게 치우친 결과가 나오지 않도록 신경 쓴다. 그러니 너무 걱정하지 말고 일반고든 자사·특목고든 아이를 보며 잘 선택하자.

일반고는 워낙 수가 많고 지역별로 차이가 커서 대표 고등학교를 따로 소개하지 않는다. 67쪽에서 소개한 학교알리미를 통해 정확한 정보를 확인하고, 학교별로 비교·분석하자. 매해 4~5월에 최신 정보가 업데이트되므로 그때는 다시 한번 확인하자. 학교 설명회를 하는 학교가 있다면 참석하고, 교육청별로 진행하는 진로·진학 설명회에도 참석하자. 신뢰할 수 있는 정보를 다루는 곳이므로 도움이 된다. 사설 학원에서 고등학교 진학과 관련하여 설명회를 열기도 한다. 잘 선별하면 공식 기관에서 들을 수 없는 새로운 정보를 얻을 수 있다. 지역 커뮤니티와 지인에게서 정보를 구하는 경우도 있는데 요즘은 권하지 않는다. 2008년생 이상과 2009년생 이하는 입시 환경이 완전히 다르기 때문이다.

아이가 3년 내내 다녀야 할 학교이므로 통학 거리나 학교 주변 환경을 알 수 있게 직접 찾아가 보는 것도 권한다. 물론 평준화 지역 일반고의 경우 지망하는 학교에 간다는 보장은 없다. 대다수가 지망하는 학교로 가지만, 상당수는 지망하지 않은 학교로 갈 수도 있다. 그럴 경우도 조금은 대비해 두자. 지역에 있는 고등학교는 선호도가 갈리지만 수준이 크게 차이 나지 않으니 미리부터 걱정하지 말자. 누군가는 선호하지 않는 학교라도 누군가에게는 선호하는 학교일 수 있다.

일단 우리가 할 수 있는 일은 지망 학교를 적을 때 내 아이가 선호하지 않는 학교는 걸리지 않도록 신경 써서 적는 일이다. 그래도 비선호 학교에 걸린다면 그 학교만의 장점을 찾아 적응할 방법을 그때 찾아보자. 도무지 방법이 없을 것 같다면 전학을 고려할 수 있으므로 이 또한 미리 걱정하지 말자.

# 자사·특목고
# 준비하기

지원하고 싶은 후보 고등학교 중에 자사·특목고가 있다면 입시에 성공하기 위해 몇 가지 준비할 것이 있다. 대다수 자사·특목고가 선발형 고등학교이기 때문이다. 구체적인 준비 과정은 3장에서 짚어보고, 여기서는 자사·특목고 입시에서 자소서, 면접, 선행 학습이 갖는 의미에 대해 살펴보자.

## 자기소개서를 쓴다는 것

부모 세대는 고등학교에 입학할 때 자기소개서(자소서)를 써본

적이 없는 세대다. 그런 만큼 자소서에 대해 오해하는 분이 많다. 가장 큰 오해는 뛰어난 작문 실력과 화려한 활동이 담긴 자소서가 잘 쓴 자소서라고 여기는 것이다. 학원에서 자소서 쓰기를 진행할 때 아이와 부모의 시각을 함께 교정해야 하는 이유다. 고입에서 자소서는 생기부와 더불어 면접을 위한 기초 자료가 된다. 점수에 반영되지 않고, 면접 질문의 자료로 쓰이지 않을 수도 있다. 당연히 신경 써서 자소서를 써야 하지만 너무 무겁게 바라보지 말라는 의미다.

자소서를 쓰려면 먼저 중학교 3년 동안 아이가 무슨 일을 어느 정도로 했는지 하나씩 복기해야 한다. 의미 있어 보이는 활동뿐 아니라 그동안 해온 모든 활동과 경험을 복기하는 게 중요하다. 처음부터 걸러내면 남는 것도 없지만, 정말 쓸 수 있는 것이 무엇일지 자소서를 쓰기 전에는 잘 모르기 때문이다. 여기서 핵심은 아이가 쓰고 싶은 내용이 아니라 '지원하려는 학교의 인재상에 걸맞은 내용인가'다. 활동을 얼마나 많이 했는지, 얼마나 대단한 활동인지, 얼마나 화려한 활동인지는 중요하지 않다.

복기 작업을 마치면 자소서에 어떤 소재를 쓸지 고르고, 소재를 단계별로 재구성해야 한다. 단계별로 재구성한다는 말은 해온 활동을 맥락 없이 나열하지 말고 '활동 1 → 활동 1을 하며 생긴 궁금증과 호기심 → 활동 2 → 활동 2를 하며 생긴 궁금증과 호기심 → 활동 3'과 같은 형식으로 관심이 확장되고 심화되는 과정을 정리해서 보여준다는 의미다.

이 과정은 단순한 자소서 쓰기로 보이지만 고등학교에 입학한 후학종을 준비하는 예행연습이기도 하다. 고등학교 생기부 활동도 단순 나열식으로 적히면 곤란하다. 1학년 때 교과 수업 또는 진로와 연계된 활동을 시작해야 하고, 2학년 때는 1학년 때 한 활동을 연계·확장·심화·발전시켜 나가는 활동을 해야 한다. 3학년 활동도 마찬가지다. 이렇게 말하면 어떤 분들은 활동이 전공에서 벗어나지 않아야 한다고 여기는데, 그렇지 않다. 진로를 전공으로 오해하지 말자. 진로 활동은 심화·탐구로 깊게 파고들 수도 있지만, 관심을 넓혀 발전·융합시킬 수도 있다.

학종 예행연습을 한 아이라면 고등학교에 입학한 후에 어떻게 활동을 해나가야 생기부에 체계적으로 담길지 감을 잡는다. 반면, 단계별 재구성을 통한 자소서 쓰기의 경험이 없는 아이는 어떤 활동을 어떻게 이어나가야 할지 감이 없다. 그렇다 보니 생기부에 활동이 단순 나열식으로 담기곤 한다. 대학에서 어떤 생기부에 더 높은 점수를 줄지는 말하지 않아도 알 것이다. 고등학교든 대학교든 학업을 스스로 심화·발전시켜 나가는 학생을 선호한다. 잠재적 학업 역량과 발전 가능성을 보여주는 지표이기 때문이다.

단계별 재구성이 끝나면 본격적으로 자소서 쓰기를 한다. 이때 나는 자소서 쓰기는 글짓기가 아니고 반복해서 읽는 글도 아니라는 점을 강조한다. 덧붙여 면접관이 자소서를 보는 목적은 자소서로 아이를 평가하기 위해서가 아니라 자소서에서 면접 질문을 끌어내기 위해서라고 말한다. 정리하면, 좋은 자소서는 '내가 받고 싶은 면접 질문이 나올 수 있도록 잘 정리한 글'이므로 문장력은 그다지 중요하지 않다.

자소서에는 아이가 어느 주제에 관심 또는 궁금증이 생겨 관련 자료를 찾아봤고, 그 과정에서 무엇을 알게 되었는지를 잘 드러내면 그만이다. 대입 생기부를 평가할 때 수려하고 화려한 글솜씨가 아니라 '어떤 주제 학습을 시작한 계기 → 심화 과정 → 학습을 통해 얻게 된 결과'를 보고 싶어 하는 것과 일치한다.

## 자소서 항목 알기

자소서는 어느 학교나 구성이 비슷하다. 글자 수는 띄어쓰기를 제외하고 1,500자 이내로 작성한다. 항목과 문항은 다양하지만 영역별로 자기주도학습, 지원 동기 및 입학 후 활동 계획, 졸업 후 진로 계획, 인성으로 나뉜다. 영역별로 담아야 할 내용을 강조하거나 주의해야 할 부분 등을 살펴보고, 내용을 채우기 위해 중학교 시절에 무엇을 해야 하는지도 살펴보자.

### 자기주도학습

자기주도학습은 자소서에서 가장 중요한 항목이다. 과거·현재·미래의 학업 역량을 보여주는 핵심 지표이므로 자사·특목고에서 가장 확인하고 싶어 하는 부분이기 때문이다. 그런데 여기서 말하는 학업, 즉 공부는 부모 세대가 했던 공부와 차이가 난다. 주입식·암기식으로 대표되는 수동적 공부에서 능동적 공부로 전환되고 있다. 선택 과목도 스스로 골라야 하고, 지필 평가와 수행 평가가 줄줄이 이어지므로 일간·주간·월간 일정 관리도 과목별로 잘 배분하며 개인별로 맞춰서 공부해야 한다. 스스로 부족한 부분을 채우고 확장하는 공부도 중요하고, 관심 분야에 깊게 다가설 수 있도록 다양한 방법을 찾아 스스로 탐구하는 공부도 필요하다.

자기주도학습은 능동적 탐구 학습을 잘할 준비가 된 아이인지 확인하는 항목이다. 문제는 학교와 학원만 오간 아이라면 이러한 능동성을 보여주기 힘들다는 것이다. 물론 학생들이 참여할 수 있는 다양한 프로그램을 제공하고 수업도 쌍방향으로 구성하여 학생들의 관심도에 따라 심화·탐구 활동으로 나아가도록 유도하는 중학교도 있다. 하지만 여전히 일방향 수업에 프로그램도 다양하지 않은 중학교도 있다. 실망하지 말자. 같은 지역에 있는 중학교라면 편차가 심하지 않기 때문이다. 따라서 주어진 여건을 최대한 활용하되, 스스로 능동적인 학습 경험을 쌓기 위해 노력해야 한다.

능동적인 학습은 크게 두 가지로 '매체와 방법의 다양성을 확보하는 학습'과 '집단학습'이 있다. 매체와 방법의 다양성을 확보하는 학습은 관심 있는 주제나 분야를 탐구하기 위한 구체적인 노력과 사례를 포함한다. 수업과 교과서를 뛰어넘는 것이라면 무엇이든 좋다. 전통적인 매체인 책, 논문, 기사, 뉴스는 물론 관련 기관 홈페이지 내용, 전문가의 동영상 강의, 대학 강의까지 포함된다. 유튜브와 챗GPT를 잘만 이용하면 앉은 자리에서 대학 전공자 수준의 지식을 얻을 수 있는 시대다. 이렇듯 아이의 호기심과 궁금증을 다양한 매체와 방법을 통해 해결하고 풀어나가는 과정을 보여줘야 한다.

자사·특목고에서는 집단학습 경험도 중요하게 본다. 일반고보다 동아리 활동과 방과 후 활동도 많은 데다, 정규 수업에서도 집단학습인 그룹 토론 및 발표 활동이 많기 때문이다. 집단학습 경험을 드러내기 위해 내가 아이들에게 가장 추천하는 활동은 동아리 활동이다. 물론 중학교에서는 고등학교 수준의 집단학습을 하기가 현실적으로 어렵다. 자사·특목고에는 학업 능력과 활동성이 뛰어난 아이들이 많다 보니, 집단학습이 활발하게 이루어지고 수준도 높다. 반면 중학교에서는 그나마 할 수 있는 집단학습이 동아리 활동이나 수행 평가 활동인데 그 수준이 높지 않고 참여도도 편차가 크다.

실제로 자사·특목고를 준비하는 중학생들은 집단학습으로 꽤 스트레스를 받는다. 관심사가 비슷하고 탐구 역량이 비슷한 친구들과 함께라면 수준 높은 탐구 활동을 즐겁게 잘해나갈 아이들인데, 관심사가 다르고 참여도도 낮은 친구들과 어떻게든 함께하려다 보니 흥미 위주 활동이나 평이한 활동에 머무르고 만다. 동아리 활동을 열심히 했다고 해서 내용을 들여다보면 도저히 자소서에 쓸 수 없는 활동이 많은 이유다.

이럴 때 가장 먼저 떠올리는 방법이 '친구 설득하기'인데 나는 추천하지 않는다. 어른도 하기 힘든 일을 중학생 아이에게 하라고 할 수는 없다. 이 아이에게는 탐구 활동이 의미가 있지만, 친구들 입장에서는 다른 재미있는 활동을 제치고 할 만큼 탐구 활동이 매력적

일 리 없다. 자사·특목고 준비생이 많다면 원하는 주제를 돌아가면
서 하자고 제안할 수 있지만 자사·특목고 준비생은 전교생 중 대개
10퍼센트를 넘지 않는다.

나는 주로 함께하는 친구들에게 가볍게 제안은 하되, 친구들의
반응이 시원찮으면 친구들이 원하는 대로 활동을 진행하라고 추천
한다. 대신 아이의 순번일 때 발표 형식으로 주제 탐구를 해보라고
말한다. 동아리 활동은 하되 함께하는 활동을 조금 포기하고, 혼자
하게 되더라도 본인은 발표 형식으로 원하는 탐구를 진행하는 식이
다. 어떻게든 친구들과 함께하고 싶은 마음에 친구들을 움직이려다
보면 충돌이 생길 수 있는데, 자칫 입시 준비가 통째로 흔들릴 수 있
으므로 주의해야 한다. 친구들에게 탐구 활동을 같이 해보자고 말
은 꺼내 보되, 호응이 없으면 혼자서라도 하겠다는 마음으로 빠르
게 전환하길 권한다.

아이가 동아리를 조직하고, 활동을 구상하고, 활동을 이끄는 역
할을 하고 있다면 일이 훨씬 수월해진다. 이왕이면 주별로 담당자
를 한 명씩 정하고, 그 담당자가 특정 주제를 발표하거나 정리하는
식이 좋다. 한 가지 주제를 정하고, 그 주제를 여러 명이 함께 토론
하거나 함께 어딘가를 방문하는 형식은 권하지 않는다. 특정 주제
를 여러 명이 돌아가며 이야기하면 시간이 한정되어 있어 깊게 이
야기를 나누기 힘들고, 함께 자료를 준비하고 정리하면 주제를 탐
색하고 정리하는 시간보다 역할이나 매체를 나누는 데 시간을 더
보내기 쉬워서다. 그간의 경험에 따르면 같은 주제를 여러 명이 함

께 이야기하기보다 각각 특정 주제를 정하고 그 주제와 관련된 강의를 듣거나 자료를 준비하여 보고서로 정리해서 발표하는 식이 훨씬 나았다.

정리하면, 자기주도학습 영역에는 본인이 관심 있는 주제나 분야를 다양한 방법과 매체를 활용하여 탐색하면서 심화한 지식에 다다른 경험을 담아야 한다. 학교 활동을 할 때 이 점을 잊지 않는다면 자소서를 쓸 때 훨씬 수월하게 소재를 찾을 수 있을 것이다.

## 지원 동기 및 입학 후 활동 계획

'지원 동기'에 쓸 내용은 3학년 때 준비해도 충분하다. 그래도 미리 준비하고 싶다면 학교 설명회에 참석해 보길 권한다. 지원 동기를 써오라고 하면 지나치게 솔직하게 써오는 아이가 있다. 사촌 언니가 다니고 있어서, 아빠가 권해서, 기숙사 시설이 좋아서 등등. 설마 이런 내용을 쓰는 아이가 있을까 싶은데 정말 많다. 자소서를 '본인을 소개하는 글'로 착각하기 때문이다.

그럼 무엇을 어떻게 써야 할까? 이 학교를 지원한 이유를 꿈(진로)과 연결하여 설득력 있게 풀어내야 한다. 예를 들어 하나고에 지원한다고 하자. 아이의 꿈은 거시경제학자인데 관련 자질을 가장 잘 키워줄 수 있는 학교가 하나고다. 그 근거로 하나고만의 교육 방향, 교육과정, 프로그램과 활동을 제시해야 한다. 이렇게 쓰려면 그 학교만의 특화된 교육과정이나 프로그램 등을 알아야 하는데, 학교 설명회만큼 정확하고 구체적인 정보를 들을 수 있는 곳이 없다.

학교 설명회에 다녀온 아이에게 그 학교에 관해 물어보면 "그냥 다 좋았어요."라고 말하는 경우가 많다. 그렇게 좋은 느낌만 가져와서는 곤란하다. 어느 부분이 왜 좋은지, 내 진로에는 어떤 면에서 도움을 줄지, 내가 이 학교에 갔을 때 어떤 경쟁력이 있을지 등을 구체적으로 연결하여 정리해야 한다. 그렇게 정리한 내용을 이후에 보완하고 정리하기만 해도 자소서를 쓰거나 면접을 볼 때 유용하다. 오랫동안 특정 학교만 바라보고 여기까지 왔다는 아이들조차 그 학교의 대표 프로그램이나 교육관을 답하지 못하는 예도 있다. 학교 설명회에 못 간다면 학교 홈페이지나 유튜브를 통해 필요한 내용을 정리해 두길 권한다.

'입학 후 활동 계획'도 비슷하다. 꿈을 이루기 위해 이 학교에 입학한 후 어떤 수업, 동아리, 방과 후 활동에 참여할지 쓰면 된다. 이 부분에 들어갈 내용은 해당 학교의 세부적인 정보라야 하므로 중학교 3학년 때 준비해도 충분하다. 2025학년도부터 교육과정이 크게 바뀔 것이며 바뀐 교육과정에 따라 방과 후 활동이나 동아리 같은 대표 프로그램도 상당 부분 바뀔 수 있어서다. 중1~2라면 지원 동기 정도만 정리해 둬도 충분하다.

### 졸업 후 진로 계획

'졸업 후 진로 계획'은 자기주도학습 다음으로 중요한 영역이다. 진로에 관한 이야기가 드러나는 부분이므로, 꿈(진로)을 어떻게 실현해 나갈지 구체적인 계획을 쓰고, 그 꿈을 이뤘을 때 어떤 업무나 프로젝트를 해보고 싶은지를 쓴다. 학종에서 가장 중요하게 보는 영역이 학업 역량과 진로 역량이듯, 고입에서도 면접관이 가장 중요하게 보는 영역은 학업 역량과 관련된 자기주도학습과 진로 역량에 관련된 졸업 후 진로 계획이라는 점을 잊지 말자.

미리 무엇을 준비해야 이 영역을 잘 쓸 수 있을까? 당연한 말이지만 진로를 어느 정도 설정해 두는 게 중요하다. '어느 정도'라는 의미는 구체적이지 않아도 된다는 뜻이다. 구체화는 특정 학교를 쓰기로 마음먹은 다음에 해도 충분하다. 중1~2라면 포괄적으로 잡아 둬도 괜찮다. 예를 들면 문과 계열인지 이과 계열인지 정하고, 문과 계열이라면 경영경제·언론·국제정치외교·광고홍보마케팅·사회복지·인문사회 등으로, 이과 계열이라면 우주항공기술·신소재·신재생에너지·인공지능(AI)·유전생명공학 등으로 비슷한 계열을 묶어서 생각해 두자. 이 정도만 정리해도 이후에 구체화하기가 굉장히 수월하다.

나는 부모님들에게 아이의 진로 설정 시 너무 '직업'으로 접근하지 말라는 말을 자주 한다. 고입은 고입일 뿐, 대입이 아니고 취업은 더더욱 아니다. 그런데 입시를 취업과 비슷하다고 여기는 부모들이 있다. 이런 분들은 아이의 진로를 자꾸 직업으로 연결시키려 하고, 회사 면접을 준비하듯 입시를 준비시키려 한다. 고등학교에서 진로를 보려는 이유는 아이의 관심 분야를 확인하고, 그 분야를 아이가 얼마나 파고 들어갈지 역량을 보기 위해서다. 그 이상도 그 이하도 아니다. 학교에서도 아이의 진로가 언제든 바뀔 수 있다는 걸 안다.

그런데도 진로 계획을 묻는 이유는 자신이 갈 길을 미리 고민해 본 아이일수록 학교생활도 잘하고 설사 진로가 바뀌더라도 문제없이 학업을 잘 이어나갈 것임을 알기 때문이다. 따라서 자소서에 진로를 무엇으로 쓰느냐는 어쩌면 크게 중요하지 않은 문제일 수 있다.

부모님들이 아이의 진로를 자꾸 직업과 연계시키다 보니 아이들의 진로가 비슷해지는 일이 많다. 이과생은 의사, 문과생은 언론인과 변호사가 대표적이다. 물론 다 좋다. 하지만 자소서에 굳이 의사가 되고 싶고 의대를 고려하고 있다는 말을 쓸 필요는 없다. 너무 많은 아이가 쓰는 내용이라 그 아이만의 개성을 보여주지 못하기 때문이다. 보편적인 진로라 해도 어떻게 차별화할 수 있을지를 고민하자. 고입에서 말하는 진로는 결코 아이가 가질 미래 직업이 아니라는 사실을 기억하자.

어느 정도 진로를 설정했다면 해당 진로에 관련한 정보를 미리 탐색해 두자. 오랫동안 외교관을 꿈꿨다는 아이에게 "외교관이 하는 일을 세 가지만 말해줄래?"라고 물은 적이 있는데 아이는 제대로 답하지 못했다. 정말 꿈꾸는 일이라면 이 직군이 정확히 무슨 일을 하는지 알아야 한다. 드라마 속 한 장면을 보고 호기심이 생길 수 있고, 그냥 좋아 보여서 그 일을 꿈꿀 수 있다. 하지만 아이가 본 장면이나 느낌은 매우 단편적이다. 세상 어떤 일도 언제나 그렇게 멋질 수만은 없다.

진로로 쓰는 직군에 '지식' 기반으로 접근해 보자. 이 직군의 사전적 업무를 찾아보고, 이 직군에서 요즘 가장 쟁점이 되는 일은 무엇인지, 이 직군의 해외 사례에는 어떤 것들이 있는지 등 구체적인 정보 탐색이 따라야 한다. 그래야만 면접에서 제대로 답할 수 있고, 제대로 답변해야 진정성을 전할 수 있다. 직군을 조사할 때도 매체를 잘 활용해야 한다. 기사나 뉴스도 찾아봐야 하고, 관련 업계 종사자가 쓴 칼럼이나 강연도 봐둬야 한다. 그래야 요즘 세상에서 이 직군이 어떻게 돌아가는지 알 수 있다. 그 정도로 알고 있어야 경쟁자가 쓰지 못하는 내용을 쓰고 말할 수 있다. 그것이 바로 합격으로 이어지는 지름길이다.

### 인성

'인성' 영역은 지나치게 화려하게 쓰려고 애쓸 필요가 없다고 말한다. 보통 인성 영역에는 비교과 활동이 담기는데, 비교과 활동의 질은 인성 영역의 평가 요소와 비례하지 않기 때문이다. 비교과 활동 자체가 아니라 비교과 활동을 하면서 자연스럽게 드러나는 '배려, 나눔, 협력, 갈등 관리, 타인 존중 등의 인성 스토리'를 평가한다는 말이다.

이 부분을 아무리 강조해도 아이들은 전교 회장 경험, 오케스트라 활동, 알 만한 기관에서 한 봉사 활동 등을 써온다. 하지만 아무리 화려하고 훌륭한 활동도 스토리가 담기지 않으면 쓸모가 없다. 반대로 작고 사소한 활동이라도 진행하는 과정에서 부딪힌 문제와 고난을 적고, 문제와 고난을 해결하고 헤쳐나가면서 성장한 스토리라면 큰 의미가 있다.

스토리 중에서도 큰 역할을 맡아서 친구들을 이끌어나간 리더십 스토리보다 작고 사소한 역할이지만 맡은 책임을 다하고 그 과정에서 상대를 배려하며 도움을 나눈 스토리가 훨씬 낫다. 인성 영역에 전교 회장이나 학급 반장, 임원이나 동아리 회장 같은 리더 경험이 자주 등장하는데 자사·특목고에서는 이런 경험을 그다지 반기지 않는다. 자사·특목고에 지원하는 학생 중 이 정도 경험을 하지 않은 아이를 오히려 찾기 힘들어서다. 전교 회장이라면 중학교 안에서는 한 명뿐이라 매우 특별해 보이지만 전국에서는 3,279명, 서울에서는 279명, 경기도에서는 661명에 이르는데, 학급 반장이나 동아리 회장은 어떨지 생각해 보자.

어떤 직책을 맡았는지보다 작은 역할이지만 구성원으로서 수행한 역할의 내용과 활동이 중요하고, 그 활동을 하면서 드러나는 인성 스토리를 부각해야 한다. 자사·특목고에 지원한 아이들은 리더로서 문제를 해결한 경험은 넘쳐나지만, 리더가 문제를 해결할 수 있도록 도운 경험은 부족한 편이다. 간혹 친구들을 본인이 이끌어야 하는 대상으로 보는 시선이 느껴지기까지 한다. 이런 시선이 자소서에 담기면 감점을 받을 수밖에 없다. 리더십 경험은 신중히 쓰라고 말하는 이유다.

정리해 보자. 인성은 공동체 의식과 결부시켰을 때 가장 빛이 난다. 학교 또는 학급 구성원으로서 맡은 책임을 다하며, 일상생활에서 힘들어하거나 어려워하는 친구가 있다면 도움을 주고, 공동의 문제 앞에서는 친구들과 협력하여 해결하는 과정을 통해 함께 성장할 수 있도록 아이를 독려하자. 사소하지만 이런 경험이 쌓여 습관이 되면 자소서뿐 아니라 이후 고등학교 생활을 할 때 큰 힘이 될 것이다.

## 면접을 준비한다는 것

면접은 고입에서 가장 중요한 요소인데, 대입을 준비할 때도 이때의 경험이 도움이 된다. 자소서는 대입에서 사라진 항목이지만 면접은 대입에서도 여전히 유효한 항목이기 때문이다. 중3 때 경험한 면접이 얼마나 영향을 줄까 싶은데 확실히 도움이 된다. 고3 때 처음 면접을 보는 아이는 감을 잡는 데 한참 걸리지만, 이미 중3 때 면접을 준비하고 경험해 본 아이는 금방 감을 찾고 적응한다.

무엇보다 2028 대입에서는 면접 비중이 높아질 가능성도 있다. 내신이 9등급제에서 5등급제로 바뀌고 수능도 선택 과목이 사라지면서, 대학마다 최상위권 변별을 어떻게 할지를 두고 고심하고 있다. 예전처럼 대학별 고사를 볼 수도 없는 상황이라 '면접'을 변별 방법으로 쓸 수 있다. 대입 면접 전형은 크게 제시문 기반 면접과 생기부 기반 면접으로 나뉘는데, 제시문 기반 면접은 고입 면접의 공통 질문과 비슷하고, 생기부 기반 면접은 개별 질문과 비슷하다. 즉, 면접은 중3 때 한 번 경험한 것으로 끝나는 게 아니라 고3 때도, 취업할 때도 계속 이어진다는 말이다.

물론 대입 면접은 조금 멀게 느껴질 수 있다. 그렇다면 이건 어떨까? 중3 때 면접 경험이 있는 아이가 고등학교 생활을 훨씬 더 잘한다는 사실이다. 당연히 그 고등학교 생활은 대입에도 영향을 미친다. 내가 첫 수업을 할 때 아이들에게 꼭 하는 말이 있다. "여기서 면접을 준비한다고 해서 다 합격하지는 않지만, 적어도 이 경험이 네 고등학교 생활을 더 풍요롭게 한다는 건 분명해!"라고 말이다.

나와 고입 준비를 함께한 아이들 중에 합격하지 못한 아이도 있지만 합격 여부와 상관없이 고등학교에 입학하고 나서 연락해 오는 아이들이 많다. 그런데 그 아이들이 하나같이 중3 때 해본 면접 준비가 고등학교 생활에 큰 도움을 준다고 말한다. 고등학교에 가면 중학교 때와 달리 말하기 상황에 더 자주 노출되기 때문이다.

자사·특목고는 특히 더하다. 입학하자마자 몰아닥치는 동아리 면접이 시작이다. '동아리, 그게 뭐 그리 중요한가?' 싶지만 꽤 중요하다. 대입에서 자소서가 폐지되고 생기부 미기재·미반영 항목이 늘면서 기재되는 항목의 중요도가 더 높아졌기 때문이다(교과 활동: 과목당 500자, 종합 의견: 연간 500자, 자율활동: 연간 500자, 동아리 활동: 연간 500자, 진로 활동: 연간 700자). 특히 동아리 활동에는 진로, 관심사, 공동체 의식을 두루 살펴볼 수 있는 내용이 담기므로 어떤 동아리를 선택하고 무슨 활동을 했느냐가 생기부의 질에 영향을 끼친다. 실제로 진로와 연계된 동아리 활동을 한 선배들의 입시 실적도 높은 편이라 진로 연계 동아리는 가입 경쟁률이 워낙 높아서 면접을 보고 들어가야 한다. 갈고 닦은 면접 실력을 발휘할 순간이다.

자사·특목고에서는 동아리 활동을 할 때도 그렇지만 수업에 참여할 때도 발표해야 할 상황이 많다. 학종형 학교가 많다 보니 아이들 스스로 팀을 만들어서 주제를 탐구한 후 토론하고 발표하는 일이 잦다. 그리고 이 과정은 고스란히 점수화된다. 일반고라고 해도 크게 다르지 않다. 정도의 차이만 있을 뿐, 중학교와 비교할 수 없을 만큼 자주 말하기 상황에 노출된다. 이런 상황에 얼마나 적극적으로 참여하는지가 생기부의 질을 결정하는데, 면접 준비를 해본 아이는 이럴 때 빛을 발한다.

자사·특목고 입시 준비는 아이들이 인생에서 처음 맞는 경험이다. 자소서처럼 학업적 역량과 인성을 보여줘야 하는 글쓰기도, 면접처럼 구조적 말하기를 해야 하는 상황도 처음인 아이가 많다. 그런데 이 경험은 고입이 끝났다고 쓸모를 다하지 않는다. 고입을 시작으로 고등학교, 대학교, 나아가 사회생활에까지 영향을 미치므로 처음 배울 때 잘 익혀두면 더 쓸모가 있다. 중3 때 경험해 두면 좋다고 말하는 이유다.

그렇다면 면접을 잘 보기 위해 무엇을 미리 준비해야 할까? 본격적인 준비는 중3 때 몰입해서 해야 효과가 높으므로 미리 준비할 일은 없다. 하지만 어릴 때부터 아이를 말하기 상황에 자주 노출시켜주자. 중3 아이들과 면접을 준비해 보면 내성적이냐 외향적이냐 같은 성격보다 과거에 얼마나 자주 말하기 상황에 노출되었느냐가 적응도를 결정한다. 평소에 발표를 많이 하는 아이와 임원 선거나 발표회처럼 여러 사람 앞에 나서본 경험이 많은 아이는 면접을 부담스러워하지 않는다. 반면 발표 경험이 적은 아이는 말을 시작하기도 전에 긴장한다. 고입 면접은 특별한 말솜씨를 요구하지 않으므로 시간을 들여 준비하면 누구라도 실력이 는다. 하지만 사람들 앞에서 말할 때 너무 긴장하고 부담스러워하는 아이는 말하기 상황을 편안하게 받아들이는 데 시간을 써야 하므로 흘려보내는 시간이 너무 많다.

말하기 상황을 편안하게 받아들이면 면접 실력도 늘지만 자사·특목고에 가서도 적응하기가 훨씬 쉽다. 일반고보다 집단 수업과 대면형 발표 수업이 훨씬 많아서다. 따라서 아이가 중학교 시절부터 말하기 또는 토론 분위기에 익숙해질 수 있도록 부모님이 돕길 권한다. 적어도 학기당 한두 번은 다른 사람 앞에서 말을 해보는 상황에 노출되도록 돕자.


## 선행 학습을 한다는 것


자사·특목고 입시 준비를 할 때는 합격이 종착점처럼 보이지만, 막상 합격하고 나면 이제부터가 진짜 시작이라는 걸 실감한다. 높은 경쟁률을 뚫고 들어온 아이들이 잠시도 쉬지 않고 달리는 모습을 더 가까이서 보기 때문이다. 달리기에서 핵심은 수학 선행 학습이다. 왜 하필 수학이고, 수학 선행 학습을 한다면 어느 정도라야 하는지 전문가마다 의견이 다르다. 아이마다 정답이 달라서다. 실제로 수학 선행 학습을 전혀 하지 않고 자사고에 입학한 아이 중 최상위권을 달린 아이도 있고, 그 반대의 경우도 있다. 하지만 두 사례 모두 드문 경우다. 그래서 나는 보편적인 기준으로 말할 수밖에 없다. 이제 자사·특목고에 입학한 제자들이 들려준 공통된 의견과 10년 넘게 입시 현장에서 일해온 내 경험을 바탕으로 선행 학습에 대한 보편적인 기준을 정리해 보려 한다.

## 수학 선행 학습을 굳이 해야 하는가?

여러 과목 중 유독 수학을 강조하는 이유는 수학 과목만의 특징 때문이다. 일단 수학은 모든 학교에서 가르치는 범위가 같다. 학교마다 진도의 속도나 내용의 깊이가 다를 뿐이다. 수능에서도 수학은 범위나 주제가 다른 과목보다 명확하다. 배우는 내용이 같으니 선행 학습을 하기에도 수월하고, 선행 학습을 하고 난 이후에 효과도 높다. 반면 다른 과목은 교육부 지침을 따르지만 학교마다 교육 과정을 자유롭게 구성할 수 있어 가르치는 주제나 범위와 깊이가 서로 다르다. 특히 자사·특목고는 일반고에 비해 그 편차가 훨씬 크다. 그래서 선행 학습을 하기도 어렵거니와 한다 해도 별 효과가 없다.

수학은 입시에서 점수를 올리기 가장 어려운 과목으로도 통한다. 범위도 넓고 난도도 높아 단기간에 실력이 오르지 않아서다. 그나마도 꾸준히 학습해야 감을 잃지 않는 과목이다. 아이들이 다른 과목보다 수학을 더 오래 더 많이 공부하는 이유다. 학업 역량이 비숫한 아이들 속에서 앞서 나가려면 무엇을 해야 할까? 수학 공부 시간을 늘리면 된다. 하지만 그럴 수 없다. 수학을 공부하는 시간만큼 다른 과목을 공부할 시간이 줄어 그 과목의 성적이 떨어지기 때문이다. 시간을 늘릴 수 없다면 유일하게 남은 방법은 이르게 나가기다. 남보다 일찍 나서서 더 빨리 달려야 앞서 나갈 수 있다는 의미다. 이게 아이들이 선행 학습을 하는 이유다. 수학만 앞서나가면 모든 과목의 학업 부담이 확실히 줄어들기 때문이다.

문제는 자사·특목고다. 자사·특목고에 입학한 아이들은 현행 수업도 탄탄히 다지지만 선행 학습도 당연히 해온 아이들이다. 이 말은 이곳에서는 선행 학습을 한다고 앞서나가지 않지만, 선행 학습을 하지 않으면 따라가기 버겁다는 말이다. 한참 앞서 출발한 아이를 뒤늦게 출발한 아이가 따라잡으려면 더 빨리 뛰는 수밖에 없다. 그런데 자사·특목고 아이들은 그동안 중학교에서 봐온 평범한 아이들이 아니다. 앞서 출발했다고 천천히 뛰는 아이들이 아니라는 말이다. 아무리 빨리 뛰어도 거리가 좀처럼 좁혀지지 않으니 스트레스가 이만저만이 아니다.

자사·특목고에 온 아이들은 하나같이 자질이 뛰어난 아이들이다. 그래서 작은 차이가 큰 차이를 불러일으키기도 한다. 그 작은 차이가 수학 선행 학습이 될 수도 있다. 그래서 자사·특목고를 준비하는 부모와 아이들에게는 "선행 학습을 하나도 안 해도 잘할 아이는 잘해요!"라고 말하지 못한다. "선행, 특히 수학 선행 학습은 해야 합니다!"가 내가 할 수 있는 최선의 말이다.

## 적절한 수학 선행 학습은 어느 정도인가?

수학 선행 학습을 한다면 어디까지 해야 할까? 당연히 아이마다 다르지만, 시간이 허락된다면 최대한 많이 할수록 좋다. 전사고 입학생 중에는 미적분Ⅱ까지 끝내고 오는 아이가 꽤 있다. 그렇다고 모든 아이가 미적분Ⅱ까지 선행 학습을 하고 올 수는 없다. 이럴 때는 최소 기준을 정해야 한다. 그 전에 '선행 학습을 한다'는 의미부터 살펴보자.

여기서 선행 학습을 '한다'라는 말은 개념을 훑는 수준을 의미하는 게 아니다. 마음만 먹으면 누구라도 진도를 뺄 수 있다. 많은 전문가가 아이가 했다는 선행 학습 수준과 실제 수학 실력은 일치하지 않는다고 말하는 이유다. 여기서 말하는 수학 선행 학습은 심화 과정까지 잘 완성한 '질' 높은 선행 학습을 말한다. 예를 들어 아이가 공통수학1·2의 선행 학습을 마쳤다면 고2 3월 수학 모의고사를 시간에 맞춰 풀게 한다. 모의고사 성적과 등수에 따라 공통수학1·2를 되풀이할지 말지를 정할 수 있다. 적어도 2등급은 나와야 다음 단계인 대수로 나아갈 수 있다.

다시 최소 기준으로 돌아가 보자. 나는 최소한 고등학교 1학년 과정인 공통수학1·2는 완벽하게 선행 학습을 마친 채로 자사·특목고에 입학해야 한다고 말한다. 영재학교나 과학고 입시를 준비한 경우가 아니라면 중3 아이가 대수 또는 미적분Ⅰ 과목의 배점 높은 문제를 완벽하게 푸는 건 어렵다고 보기 때문이다. 시간이 충분하다면 대수 또는 미적분 I은 물론 확률과 통계까지 완벽하게 해두면 더 좋겠지만, 한정된 시간을 효율적으로 써야 하므로 일단 고1 과정에 집중하길 권한다. 고1 때 등급을 잘 받는 게 최우선이다. 대수와 미적분 I을 선행하지 않았더라도 고1 등급을 잘 받으면 등급을 유지하고 싶은 마음도 강해지고 자신감까지 더해져 고1 겨울방학 때 선행 학습에 매진하기도 한다. 실제로 많은 전문가가 입을 모아 하는 말이 있다. "고1 성적이 고3까지 간다!" 그런 의미에서 최소한 고1 과정의 수학 선행 학습은 단단히 하고 가자.

## 다른 과목은 선행 학습이 필요 없는가?

수학 외 다른 과목의 선행 학습은 안 해도 되는지 묻는 분이 많다. 당연히 시간만 있다면 다른 과목도 하는 게 좋다. 하지만 시간이 부족하다면 일단 수학이다. 그나마 시간을 쪼개 쓸 수 있다면 이과생은 과학, 문과생은 영어다.

이과생에게 과학은 수학 못지않게 중요한 과목이다. 수능에서 선택 과목이 사라지면서 통합과학만 공부해도 되지만 통합과학은 1학년 과목이다. 남은 2년 동안 과학 과목을 모두 피하기는 어렵다. 무엇보다 대학에서 이과 계열로 진학하려는 학생에게 과학을 필수 또는 권장 과목으로 지정할 가능성이 있다. 설사 지정하지 않더라도 교과와 학종에서는 과목별 내신 성적과 더불어 과목을 어떻게 구성했는지도 자세히 검토한다. 공학 계열을 희망하는데 물리와 화학 수업을 받지 않았거나, 생명 계열을 희망하는데 생명과학과 화학 수업을 듣지 않았다면 대학에서는 어떻게 생각할지 고민해 보자.

과학 선행 학습을 이야기하는 이유는 과학이 사회보다 과목별 범위와 난도가 높아서다. 특히 아이들은 물리와 화학을 어려워하는데 두 과목은 이과 계열에서는 필수인 경우가 많다. 따라서 물리와 화학 중 한 과목을 어느 정도 선행해 두면 선택권도 넓어지고 수업을 따라가기에도 수월하다. 반복하지만 여기서 '선행 학습을 한다'라는 말은 제대로 하기, 즉 심화 문제까지 풀 수 있어야 한다는 말이다. 화학 I을 한 번 봤다면 무리해서 화학 II나 물리 I으로 진도를 나가지 말고, 화학 I을 한 번 더 제대로 익히는 데 힘을 쏟자.

자사·특목고를 희망하는 문과생이라면 영어 선행 학습을 해두자. 특히 외고·국제고는 영어 몰입 교육을 하는 곳이므로 이에 대한 대비가 필수다. 듣기와 독해는 물론 말하기와 쓰기 역시 능숙하지는 않아도 불편하지 않을 정도는 해둬야 한다. 자사고 문과생도 수학과 더불어 영어 선행 학습을 함께 해둬야 한다. 국제학술심포지엄이나 잉글리시 온리존 같은 영어 활용 프로그램이 일반고와 비교하면 압도적으로 많아서다. 실제로 수학만 선행 학습을 하고 들어갔다가 영어에 발목 잡혀 고생하는 아이들을 많이 본다.

## 혼자서 자사·특목고 입시를 준비한다면 챙겨야 하는 것들

"자사·특목고 입시 준비를 부족함 없이 하려면 역시 학원에 다녀야겠죠?"라고 묻는 분이 많다. 전혀 그렇지 않다. 나는 부모님 또는 학생 중 한 명이라도 입시 정보를 제대로 숙지하고 있다면 고입 정도는 충분히 혼자 준비할 수 있다고 말한다. 고3이 치르는 대입은 수시와 정시로 나뉘고, 수시는 교과·학종·논술·실기 전형으로 다시 나뉜다. 그런데 대학마다 전형 종류와 비율이 다르고, 과목별 가중치 등도 달라 학부모와 학생이 이모든 대학의 입시 정보를 꿰뚫기가 어렵다. 학교에도 담임교사와 진로·진학 교사에게 도움을 받고, 학교 밖에서도 컨설턴트에게 도움을 구하는 이유다.

반면 중3이 치르는 고입은 어렵지 않다. 일단 영재학교를 제외하면 지필 시험을 보는 곳이 없다. 일반고는 전산 추첨 방식에 따라 배정되므로 지역 내 학교를 꼼꼼하게 확인한 후 지원서를 쓰면 된다. 자사·특목고 입시의 경우 1단계에서는 내신 성적과 출결만 기준선을 통과하면 되므로 따로 준비할 게 없다. 대부분 2단계 준비를 어려워하는데 생각만큼 어렵지 않다. 일단 자사·특목고는 모두 자소서를 제출하게 하고 면접을 본다. 그런데 자소서는 구성이 거의 같고, 면접을 위한 참고 자료로 활용될 뿐 합격과 불합격에 영향을 주지 않는다. 결국 면접이 핵심인데 혼자서도 충분히 준비할 수 있다. 방법은 다음과 같다.

## 시기별 계획적 접근

자소서와 면접 준비는 아무리 늦어도 중3 여름방학에는 시작하길 권한다. 가장 먼저할 일은 '자소서 소재 발굴하기'다. 일단 중학교 3년 동안 해온 활동과 참여한 프로그램을 떠올리고 펼쳐보자. 막막하다면 생기부를 확인하자. 참여한 활동과 프로그램은 물론 담당교사의 코멘트에 담긴 내용도 참고가 된다. 이외에 뚜렷한 관심사와 놓쳤던 경험을 더해서 기록하자. 이렇게 펼쳐놓으면 관심사와 진로를 잘 보여줄 수 있는 소재가 보일 것이다. 자소서에 쓸 소재가 정해지면 중3 2학기에는 보완할 활동과 학습을 진행해서 생기부에 담기도록 해야 한다.

자소서의 소재 발굴을 중3 여름방학에 시작하라고 하는 이유는 3학년 1학기까지 한 활동만 자소서에 쓰는 것이 아니기 때문이다. 소재를 발굴하면 어느 정도 방향이 보이는데, 방향에 맞는 구성을 짜다 보면 아쉬운 점도 보이고 앞으로 해야 할 일도 보인다. 그 부분을 12월까지 보강하면 된다. 반년 동안 잘 준비해서 자소서에 담길 내용을 원하는 방향으로 업그레이드할 수 있도록 맞춤형 활동을 추가해 나가자.

11월 말까지는 자소서를 완성하자. 간혹 원서 마감 하루 전까지 자소서를 수정하는 아이들을 본다. 자소서는 면접 질문을 잘 받기 위한 참고 자료일 뿐이다. 쓰지 말라는 것만 쓰지 않으면 크게 문제 되지 않는다. 그러니 자소서 쓰기에 너무 힘을 빼지 말자. 자소서를 아무리 잘 써도 면접이 따라주지 않으면 합격하지 못한다. 반면 자소서는 평범해도 면접을 잘 보면 합격한다. 그러니 11월 말부터는 면접에 집중하자.

## 면접 연습 방법
· · · · · · · · · · · · · · · ·

면접을 사교육 없이 혼자 준비한다면 '촬영과 녹음'이 필수다. 내가 어떻게 말하고 있는지 눈과 귀로 직접 확인해야 한다. 보통은 부모가 아이의 면접 연습을 도와주는데 코멘트와 피드백이 추상적일 때가 많다. 톤이나 말투도 중요하지만 내용도 신경 써야 하는데 그 부분을 콕 집어서 교정해 주기가 어려워서다. 예를 들어 "지금 대답이 너무 짧아!"라는 코멘트를 들으면 아이는 어떤 대답을 어떻게 늘려야 할지 몰라 내용을 보완하거나 추가하지 않고 기존 내용을 길게 늘어트리는 경향을 보인다. 이게 반복되면 대답이 지루해질 수밖에 없다. 동영상으로 촬영해서 직접 보고 들으라고 하는 이유다.

먼저 녹음된 내용을 문장 단위로 정리해 보자. 실시간으로 보면 잘 보이지 않거나 놓치는 부분이 이때 훨씬 잘 보인다. 일목요연하게 답변을 정리하려면 첫 문장에 무엇이 담겨야 하는지, 다음 문장은 어떤 역할을 해야 할지, 그 역할을 제대로 못하고 있다면 어떻게 바꾸어야 하는지, 다음 문장이 논리적으로 잘 연결되는지 등을 살펴볼 수 있다. 이 부분은 구조적 말하기 기법을 알면 더 쉽게 교정할 수 있으므로 217쪽에서 자세히 살펴보자. 말하기와 더불어 자세와 표정도 확인해야 한다. 거울을 보면서 연습하는 경우가 많은데 촬영본을 보고 교정하는 게 훨씬 정확하다. 제삼자의 눈으로 객관적으로 평가할 수 있기 때문이다.

이 정도로 했는데도 불안할 수 있다. 내가 어느 정도로 잘하고 있는지 확인할 길이 없어서다. 그럴 때는 학원의 도움을 받아보자. 수업을 한두 번 듣는다고 면접 실력이 올라가지는 않는다. 하지만 마지막에는 실전 면접을 집단으로 진행하는 경우가 많으므로 아이가 경쟁자들을 볼 수 있어 깨닫는 부분이 꽤 있다.

고3 입시는 생기부도 학교별·학생별 편차가 크고, 입시 전형도 복잡해 1 대 1 컨설팅이나 수업이 훨씬 효과적이다. 맞춤형 정보를 제공해야 하기 때문이다. 하지만 중3 입시는 다르다. 자사·특목고 입시 전형은 학교별로 차이가 거의 없고 경쟁률도 크게 높지 않다. 그래서 집단 수업을 통해 긍정적인 자극을 서로 주고받으면서 함께 성장하는 방식이 효과적이다.

수업을 들은 아이 중에 "수업에서 나와 같은 학교를 쓰려고 하는 친구들을 보며 자극받았어요."라고 말하는 아이가 많다. 백문이 불여일견이다. 우수한 친구 한 명을 직접 보는 것이 강사의 백 마디 말보다 나을 때가 많다. 강사가 준비한 맞춤형 질문, 명쾌한 피드백, 구체적인 코멘트로도 아이는 성장하지만, 경쟁자이자 동반자인 친구들을 보면서 더 크게 성장한다. 친구의 면접 장면을 보면서 '아, 나도 저렇게 해봐야지!' 또는 '나는 저렇게 하지 말아야지!'라고 생각한다. 면접관의 관점에서 친구의 답변을 바라보게 되기 때문이다. 이 과정을 거치면 어떻게 답변해야 할지 훨씬 빠르게 감을 잡기도 한다.

모의 면접을 직접 해보는 것도 의미 있지만, 자리에 앉아서 다른 친구들이 말하는 모습을 보고 나에게 대입시켜 보는 것도 모의 면접 못지않게 중요하다. 중3 입시만큼은 집단 수업을 권하는 이유이고, 혼자 준비하더라도 한 번 정도는 집단 수업에 참여해 봐도 좋다고 말하는 이유다.

자사·특목고 입시는 학교별로 차이가 있지만

크게 1단계 서류 전형과 2단계 면접 전형으로 나뉜다.

전체 일정이 어떻게 진행되고,

무엇을 어떻게 준비해야 하는지 과정을 하나씩 따라가 보자.

그래서 고등학교를 어디로 가야 할까요

3장
·····

# 고입 서류부터 면접까지
# A to Z

# 입시의 시작,
# 생기부

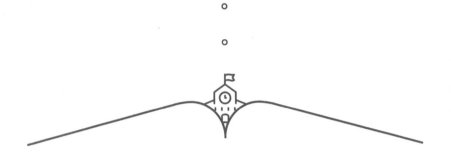

　영재학교는 5월 하순~6월 초순, 과학고는 8월 하순~9월 초순, 자사고·외고·국제고는 12월 초순에 원서를 접수받는다. 원서 접수를 하려면 먼저 학교 홈페이지로 들어가 입학원서를 작성하고 출력한다. 그리고 입학원서와 함께 1단계 서류(생기부와 증빙 서류)를 출력하여 방문 또는 우편으로 지원 학교에 제출하면 된다.

　1단계에서는 생기부에 포함된 교과 성적과 출결 사항을 점수화하여 반영한다. 교과 성적은 학교마다 반영 과목, 반영 학기, 학기별 반영 비율, 성취도별 환산 점수가 다르고 해마다 조금씩 바뀔 수 있으므로 신입생 입학 전형 요강을 꼼꼼하게 확인하자. 출결 사항은 미인정 결석일수에 따라 감점이 따른다(보통 미인정 조퇴·지각·결과는 3회를 초과할 때마다 미인정 결석 1회로 반영한다).

1단계 통과 여부는 교과 성적과 출결 사항만으로 결정된다. 하지만 생기부는 면접 기초 자료로도 활용되므로 신경 써야 할 몇 가지 항목을 더 살펴보자.

## 출결 상황

미인정 결석·조퇴·지각·결과가 생기지 않도록 조심해야 한다. 하나고나 외대부고처럼 인기 많은 전사고는 교과 성적과 출결 상황을 합한 점수가 만점이 되어야 1단계를 통과할 수 있기 때문이다. 불과 몇 해 전만 해도 자사·특목고 준비생 중 출결에 문제를 일으키는 아이는 없었다. 학업 역량도 뛰어나지만 성실성을 겸비한 아이들이었기 때문이다. 하지만 코로나 팬데믹을 거치면서 출결 상황에 문제가 생기는 아이들이 보인다. 그래서 나도 요즘에는 수업 시간에 출결과 관련해서 잔소리를 많이 하는 편이다.

일단 미인정 지각이 생각보다 많다. 집에서 나서는 시간을 깜빡 놓치기 때문이다. 10분 일찍 등교하는 습관을 들이고, 지각하더라도 미인정으로 처리되지 않도록 신경 써야 한다. 미인정 결석은 부모도 챙겨야 한다. 가족여행 같은 개인 사유로 학교를 빠지는 경우가 있는데, 교외체험학습을 신청할 수 있는 사유·기간·일자인지 미리 확인한 후 계획해야 한다. 또한 미리 신청서를 작성하여 허가를 받고, 다녀온 후에도 관련 서류를 챙겨서 제출해야 한다. 모든 준비를 마치고 원서를 쓰려고 생기부를 봤는데 '미인정'이 떠서 원했던 학교를 쓰지 못한 아이도 있었다.

전사고 지원자가 아니라면 출결로 감점을 받고도 1단계는 통과할 수 있지만 2단계 면접에서 출결 미인정과 관련하여 질문을 받을 가능성이 크다. 출결이 성실성과 자기 관리를 보여주는 기본 척도이기 때문이다. 출결을 강조하는 이유다.

## 학폭위 소집

학폭위 소집이 생기부에 남으면 1단계에서 통과하더라도 2단계에서 탈락할 수 있다. 자사·특목고를 쓸 정도의 아이인데 설마 이런 문제가 있을까 싶지만 생각보다 해당 사례가 많다. 들여다보면 심각한 사안도 있고 사소한 언쟁이 학폭위 소집으로 이어지는 일도 있다. 하지만 면접관이 경중을 판단할 수 없으므로 기록만 보고 감점 또는 탈락시킬 수밖에 없다.

'행동특성 및 종합의견'에 담임교사의 부정적인 코멘트가 있으면 면접관이 관련 질문을 하는 경우가 많다. 아이에게 해명할 기회를 주고 싶어서다. 하지만 학폭위 소집은 완전히 다르다. 많은 학교가 학폭위 소집과 관련해서는 해명할 기회를 주지 않는다. 자사·특목고는 기숙학교가 대부분이라 또래 간 갈등이나 문제 상황에 특히 민감하기 때문이다.

# 독서 기록

독서는 몇 권을 읽었느냐가 점수화되지 않는다. 하지만 해당 학교를 쓰는 아이들의 평균 권수만큼은 생기부의 독서 기록에 올리라고 권한다. 3학년의 경우 전사고라면 15~20권, 외고·국제고라면 10~15권을 추천한다. 3학년이 되어서야 뒤늦게 독서 기록을 챙기는 경우라면 책의 분야나 수준보다 권수를 채우는 게 우선이다. 다른 아이들은 15권 이상 올렸는데, 우리 아이만 3학년 때조차 2~3권 올리는 데 그친다면 불성실해 보일 수 있어서다.

"아이가 1·2학년 내내 독서 기록을 안 올리다 3학년이 돼서 20권 이상 올리면 면접관이 너무 속 보인다고 하지 않을까요?"라고 묻는 부모님이 꽤 있다. 이럴 때는 나는 걱정할 필요 없다고 말한다. 면접관이 해당 학교를 지원하는 학생들을 어떻게 바라보는지 알면 이해될 것이다. 면접관은 누구라도 해당 학교를 지원해 준 학생을 고맙게 바라본다. 그러므로 지원한 학생이 면접을 볼 때도 긴장하지 않고 본인이 준비한 내용을 잘 말해주길 바란다. 흠을 찾아서 아이가 떨어지길 바라는 면접관은 없다는 말이다.

3학년에만 독서 기록이 집중된 학생의 생기부를 보고 '그래도 3학년이 되더니 무언가를 열심히 해보려고 애썼구나!'라고 생각하지, '닥쳐서 올린 걸 보니 불성실하군!'이라고 생각하지 않는다. 그러니 1·2학년 때 어떤 책을 몇 권 올렸는지와 상관없이 3학년 때만이라도 경쟁자들의 평균적인 독서 권수만큼은 채워보자.

아이가 1·2학년이라면 아직 여유가 있으니 매해 15권 이상 생기부 독서 기록에 올릴 수 있도록 하자. 이 역시 책의 분야와 수준에는 집착하지 말자. 진로와 연관된 책이면 더 좋겠지만 1·2학년 때 진로를 정한 경우도 많지 않거니와 진로를 정했다 해도 몇 번은 바뀔 수 있기에 애써 연결 지을 필요가 없다. 평소 아이가 읽고 싶어 하는 분야이고 읽기 편한 수준이면 된다. 독서 기록 역시 아이의 지적 수준이나 진로를 점검하는 용도가 아니라 '성실성'을 보기 위한 용도임을 잊지 말자.

## 기타

이외에도 부모님들이 궁금해하는 생기부 항목에는 꽤 여러 가지가 있다. 대표적으로 '창의적 체험활동', '세부능력 및 특기 사항', '봉사활동', '행동특성 및 종합의견'이 있다. 결론부터 말하면 크게 신경 쓰지 않아도 된다. 아무리 분량이 많고 화려하게 기술해도 가점을 받지 않으며, 분량이 적고 평범하게 기술해도 감점을 받지 않기 때문이다. 예를 들어 봉사활동을 100시간 했다고 해도 대수롭지 않아 하고, 0시간 했다고 해도 인성을 의심하지 않는다. 다양한 동아리에서 활발하게 활동했다고 우수한 학생이라고 여기지 않고, 동아리 활동을 안 했다고 해서 문제 학생으로 바라보지 않는다. 출결, 학폭위 소집, 독서를 제외한 나머지 항목은 특별히 문제가 없다면 그냥 넘어가는 영역이라고 보면 된다.

자사·특목고는 학교마다 독특하고 체계적인 면접 시스템을 갖추고 있다. 면접 시간 15분 정도면 우수한 학생을 충분히 찾아낼 수 있다고 자신하고, 실제로 성공적인 결과를 내보이기도 한다. 그래서인지 중학교 생기부 기록 중 핵심 사항은 확인하지만 기타 항목에 담긴 세세한 내용에까지 의미를 부여하지 않는다. 이것이 고입과 대입의 가장 큰 차이점이다.

대입에서는 고등학교 생기부를 핵심 평가 요소로 삼는다. 개인화되고 차별화된 내용이 매우 체계적으로 세세하게 담겨 있기 때문이다. 하지만 중학교 생기부는 개인화와 차별화가 어렵다. 선택과목이 많은 고등학교와 달리 중학교에는 공통 과목이 대다수다. 모든 아이가 똑같은 수업을 듣는다는 말이다. 동아리나 방과 후 프로그램도 다양하지 않고 수준 높은 활동으로 이어갈 수 없다. 중학생 생기부가 모두 비슷하고 단조로운 이유다. 전문가들이 하나같이 교과 성적은 챙겨도 생기부는 기본만 챙기라고 말하는 이유이기도 하다.

# 면접의 시작,
# 자소서

1단계 서류 전형 합격자는 2단계 서류를 접수한다. 그 서류가 자소서다. 자소서 역시 생기부와 마찬가지로 면접을 위한 참고 자료로 쓰이지만, 그 자체로 점수화되지는 않는다. 정확히 말해 '쓰지 말라는 것만 쓰지 않으면' 자소서 자체로는 감점을 받지 않는다. 자소서에 쓰지 말라는 내용은 각 학교의 자소서 작성 사이트나 홈페이지에 자세히 나와 있는데, 각종 인증 시험 점수, 자격증, 대회 입상 실적, 영재교육원 수료, 부모 또는 친인척의 사회·경제적 지위 등이다.

# 자소서 작성의 핵심

자소서는 학교에서 요구하는 내용과 형식에 맞게 쓰되 면접에 도움이 되는 방향으로 쓰는 것이 핵심이다. 어떻게 써야 면접에 도움이 될까? 하나씩 살펴보자.

## 자소서의 시작과 끝, 소재 발굴

자소서의 시작과 끝을 결정짓는 요소는 소재다. "자소서는 그냥 아이가 지금까지 해온 일을 소개한다는 느낌으로 쓰면 되는 거 아닌가요?"라고 묻는 분이 많다. 이름 그대로 '자기를 소개하는 글'이 아니냐는 말이다. 그럴 때 나는 "자소서는 단순히 나를 소개하는 글이 아니라, 지원하는 학교가 원하는 인재상이 바로 나라는 것을 보여주는 글"이라고 말한다. 따라서 소재를 발굴할 때도 가장 먼저 지원하는 학교의 인재상을 확인해야 한다.

자사·특목고마다 차이가 있지만 공통으로 원하는 인재상은 있다. 바로 '학업 능력이 우수한 학생'이다. 중3에게 그 이상을 요구하는 게 어렵기 때문이다. 이 학교에 오고자 하는 열망이 얼마나 큰지, 리더십이 얼마나 뛰어난지, 친구들과 잘 어울리며 지내는지 등도 보지만, 결국 이 아이가 고등학교에 입학한 후 지금보다 훨씬 더 넓고 깊게 공부할 만한 학업 능력을 갖추고 있는지를 보는 게 핵심이다. 그래서 학업 능력을 제대로 보여줄 수 있는 소재가 매우 중요하다.

여기서 학업 능력은 내신 공부나 루틴 학습법 등을 말하는 게 아니다. 아이들에게 학습 경험을 쓰라고 하면 본인이 '평소'에 수행하는 일반적인 학습 경험을 쓰는 경우가 많은데, 그건 본인이 '우수한' 학생임을 보여주는 지표가 되지 못한다. 자소서를 일기처럼 쓰지 말라는 말을 자주 하는데, 이와 비슷한 의미다. 그렇다면 학습 경험에는 무엇을 써야 할까?

일단 아이가 관심 있어 하는 주제나 분야를 찾아야 한다. 단순히 관심만 있는 주제나 분야는 곤란하다. 고급 취미로 흐르거나 단발성 학습으로 끝날 가능성이 크기 때문이다. 주제나 분야는 학습적으로 깊이 있게 탐구할 수 있는 것이라야 한다. 심화·탐구력과 우수한 학업 역량을 지속해서 보여줄 수 있는 소재를 골라야 한다. 자소서 쓰기를 하자고 하면 일단 떠오르는 소재를 마구 적어 오는 경우가 있다. 곤란하다. 소재 찾기부터 전략적으로 접근해야 한다. 급한 마음에 대충 정했다간 어느 정도 완성했는데 처음부터 다시 써야 할 수도 있다.

## 오늘도 앞으로, 발전 가능성

학업 역량을 잘 보여주는 소재를 찾았다면 발전 가능성으로 나아가야 한다. 현장에서 꼽는 최악의 자소서는 '단발성 학습'을 '나열식'으로 써놓은 것이다. 'A도 하고, B도 하고, C도 해봤다.'라는 식으로 경험을 나열하는 경우다. 면접관 입장에서 이런 자소서는 스토리가 없다 보니 기억에도 남지 않고, 학습의 지속성이나 심화성을 엿볼 수 없어 아쉽다고 여긴다.

그렇다면 면접관은 어떤 자소서를 보고 발전 가능성을 확인할까? 'A라는 공부를 하다 보니 B에 관심이 생겨 B를 공부했고, B를 공부하다 보니 C에 대한 의문이 생겨서 C를 공부했다.'라는 식으로 학습 간 연계성이나 심화성을 보여주면 좋다. 호기심이나 문제가 생겼을 때 스스로 해결하기 위해 학습을 이어가는 학생으로 인식되기 때문이다. 이 과정에서 학습 방법과 매체도 발전하는 흐름을 보여주면 좋다. 'A를 공부할 때는 책이나 TED 강연, B를 공부할 때는 해외 매체나 전문가 인터뷰, C를 공부할 때는 대학 강연이나 국회도서관 등의 학술 저널'로 나아가는 형식이다. 이처럼 내용을 발전시키는 것과 동시에 방법이나 매체도 다양한 시도를 하며 발전하는 방식이면 더 좋다. 아이 스스로 학습하는 힘, 즉 '자기주도학습 역량'을 보여줄 수 있기 때문이다.

자소서는 스토리가 있는 글이다. 물론 여기서 말하는 스토리는 재미있고 흥미로운 이야기가 아니라 자기주도학습 역량과 발전 가능성을 담은 이야기를 말한다. 자사·특목고에는 기숙학교가 많다 보니 이들 학교에 입학한 아이들은 3년 내내 스스로 온전히 학습을 이끌어나가야 한다. 그런데 고1이 되었다고 해서, 환경이 바뀌었다고 해서 아이가 갑자기 딴사람으로 바뀌지 않는다. 이전부터 스스로 호기심과 문제를 해결해 본 경험이 있어야 기숙학교에 가서도 잘할 수 있다. 우수한 학업 역량에 더해 자기주도학습 역량과 발전 가능성도 있는 아이라는 근거가 담긴 자소서를 어떤 면접관이 좋아하지 않겠는가?

## 글이지만 글이 아닌, 자소서

자소서를 첨삭하거나 수정할 때 부모님들에게 가장 많이 하는 말이 있다. "자소서는 글이 아닙니다." 이렇게 말하는 이유는 부모님들이 자꾸 문장이나 표현에 집중하기 때문이다. 자사·특목고 대비반 본 수업을 7월에 시작하면 8월에 자소서 초안이 나오고, 그 초안을 두세 번 첨삭하면 내용과 글자 수까지 맞춰진 준완성본이 나온다. 준완성본 정도가 나오면 그때야 아이들은 부모님에게 자소서를 보여준다. 아이들 나름대로 보여줄 만하다는 확신이 섰기 때문이다. 부모도 기대에 차 자소서를 읽어보는데 왠지 모르게 아득한 기분이 든다고 말한다.

실제로 꽤 많은 부모님이 내게 연락해서 "자소서가 이상해요."라고 첫 말을 떼운다. 뒤이어, 사용된 어휘가 평소 쓰지 않는 어휘 같고, 문장 간 연결이 어색하고 뚝뚝 끊기며, 전반적으로 내용에도 아이의 특징이 잘 드러나지 않는 것 같다고 말한다. 그럴 때마다 나는 "글로만 보면 그럴 수 있어요. 하지만 자소서는 아이가 면접에서 받고 싶은 질문이 나올 수 있도록 여기저기 트랩을 깔아놓는 장치와 같아요. 그걸 1,500자 안에 깔다 보면 어색하게 느껴질 수는 있어요."라고 말한다. 이 점이 매우 중요하다. 자소서 표현 방식과 관련

해서 질문이 워낙 많이 나오다 보니, 실제로 전사고 설명회에서 "자소서에는 '~했음. ~했음' 형식으로 써도 괜찮습니다."라고 말하는 일도 있었다. 문장의 형식이나 표현으로 감점을 주지 않으므로 내용에 집중하라는 뜻이다.

자소서에는 쓰지 말라는 것만 안 쓰면 되고, 면접 질문을 유도하기 위해 아이가 준비한 학습 소재와 방법이 잘 들어가 있으면 그만이다. 핵심은 면접이기 때문이다. 문장 간 연결이 매끄러운지, 가독성이 좋은지, 아이의 특징이 잘 드러나는 표현인지보다 아이가 준비한 학습 소재가 학습 역량을 잘 보여주는지, 근거가 구체적이고 명확한지, 스토리가 있는지 등에 초점을 맞춰야 한다. 즉, 면접관 관점에서 바라봐야 한다. 문장을 매끄럽게 작성하려다 보면 괜히 필요 없는 어휘를 넣어 글자 수를 늘리기도 하고, 가독성을 높이는 데 신경 쓰다 보면 글이 너무 매끄러워져 포인트를 놓치는 일도 종종 생긴다. 심미성과 가독성을 갖춘 문장은 불필요한 욕심이다.

정리하면, 자소서는 '면접자가 질문을 뽑기에 좋은 내용이 잘 보이는 글'인지가 핵심이다. 글자 수를 맞추고 쓰지 말라는 것을 쓰지 않으면 자소서 역할은 끝난 것이다. 괜한 데 힘 빼지 말자.

## || 실전 1 ||
## 자소서 쓰기와 첨삭

자소서의 핵심을 떠올리면서 예시를 따라가 보자. 하나고를 지

원하고자 하는 아이의 자소서가 3단계 과정을 통해 어떻게 발전하
는지 보면 핵심을 더 잘 이해할 수 있을 것이다.

### 8월 자소서 초안

저의 꿈은 파일럿입니다. 이를 이루기 위해서는 자기관리 능력이 필요하
다고 생각했고, 이에 하나고등학교의 선택형 커리큘럼과 과목 선택제가
그 밑거름이 될 수 있을 것으로 판단했습니다. 저는 운동과 음악을 좋아
하고, 이를 통해 일상에서 받는 스트레스를 해소합니다. 하지만 평소에
는 바쁜 일정 때문에 이런 일을 할 기회가 거의 없어 점점 예민해졌습니
다. 하나고등학교의 1인 2기는 이런 점에 있어서 저에게 적합하다고 생각
했습니다. 매일 두 시간씩 내가 좋아하는 활동을 하며 일상의 스트레스를
해소하고, 전보다 이에 할애하는 시간이 증가하기 때문에 그 분야에 있어
서 저의 개인적인 역량도 키울 수 있어 일거양득의 효과를 낼 수 있을 것
이라 확신했습니다.

파일럿은 항공기에 대한 이해가 필수인데, 관련된 과학 분야 학습이 이에
도움이 되리라 생각했습니다. 그래서 나로우주센터에 방문하여 우주 발
사체에 관해 탐구했고, 이는 추진체와 다른 분야에 대한 호기심으로 이어
져 다양한 책과 인터넷을 찾아보게 되었습니다. 이를 통해 폭넓은 지식을
익히게 되었습니다. 학교 과학, 기술 시간에 수업 내용을 이해하는 데에
도 많은 도움이 되었습니다. 또, 고려대학교 생명과학대학 과학교실에도
참여하여 교수님에게 바이러스, DNA 등 특정 분야에 관한 수준 높은 강
의를 수강했고, 생명과학과 윤리에 관해서도 생각해 보았습니다.

서울의 한 깊숙한 골목길의 허름한 집 반지하 얇은 유리문. 제가 1학년 때

부터 도시락을 배달해 드리는 할머니 댁입니다. 냉난방도 되지 않아 문이 있는 듯 없는 듯합니다. 몇 번 도시락을 드리고 난 후 하나로 며칠을 드실까 궁금해서 여쭤봤습니다. 그동안 별 감흥 없이 의무적으로만 했던 일이 그분한테는 며칠 식사가 된다는 것을 깨달았기 때문입니다. 그 후로는 아무리 바빠도 하루도 빠짐없이 매주 할머니께 도시락을 드리러 갑니다.

초안에서 가장 먼저 드러나는 문제는 분량이다. 밑줄 친 부분이 가장 핵심으로 보는 자기주도학습 영역인데 분량이 너무 적다. 대다수 학생이 글자 수를 잘 맞추지 못한다. 무엇을 어떻게 써야 하는지 몰라서다. 그렇다 보니 추상적이고 모호한 표현이 많이 등장한다. 거의 모든 자소서에 '다양한', '수업 내용을 이해하는 데', '많은 도움이 되었다'가 등장한다. 구체적으로 어떤 수업을 들었고, 그래서 읽은 책은 무엇이며, 수업 내용은 무엇이고 어떤 부분이 인상 깊었는지, 정확히 어떤 도움으로 나아갔는지가 적혀야 한다.

### 9월 2차 안의 자기주도학습 영역 중에서

저의 꿈은 파일럿입니다. 파일럿은 항공기에 대한 이해가 필수인데, 관련된 과학 분야 학습이 이에 도움이 되리라 생각했습니다. 그래서 나로우주센터에 방문하여 우주 발사체에 관해 탐구했고, 이는 추진체와 다른 분야에 대한 호기심으로 이어져 다양한 책과 인터넷을 찾아보게 되었습니다. 이를 통해 우리나라 우주 발사체의 역사, 추진체의 원리와 종류, 비행기 조종법 등 여러 분야의 지식을 익히게 되었습니다. 또한, 학교 수업 시간에 수업 내용을 이해하는 데에도 많은 도움이 되었습니다.

과학 공부를 하다 보니 아직 배우지 않은 수학 개념을 이용해서 공식을 유도해 내는 경우가 자주 있어서 수학 심화 공부가 필요하다고 느꼈습니다. 여러 유형의 문제를 많이 풂으로써 내신을 준비하고 기본을 다졌습니다. 그리고 모든 선행 학습 과정은 개념을 중심으로 먼저 공부하고 점점 단계를 높여가며 심화 과정까지 완료했습니다. 심화 과정을 공부하면서 응용 부분에서 어려움을 겪은 단원이 몇 개 있습니다. 그럴 때는 처음부터 공부한다는 생각으로 꼼꼼하게 다시 개념부터 천천히 공부하고, 좀 익숙해졌다는 느낌이 들 때까지 기초 문제를 반복해서 풀었습니다. 그런 다음 응용 부분의 설명을 다시 읽어보니 전에는 잘 들어오지 않았던 내용을 알게 되었고, 문제 또한 잘 풀 수 있게 되었습니다. 이렇게 쌓은 수학 실력을 바탕으로 과학 공부를 하며 잘 이해하지 못했던 공식들을 다시 살펴보니 이해가 되었습니다.

당장 분량이 확 늘었다. 자기주도학습 영역만 700자 가까이 늘었는데, 최종안에는 더 많은 내용이 들어가야 한다. 여러 부분에서 구체성도 많이 좋아졌다. 우주 발사체의 역사, 추진체의 원리나 종류 등 본인이 알게 된 부분을 좀 더 명확하게 언급하고 있다. 과학 공부와 함께 수학 공부도 추가되었다. 자기주도학습 영역에서는 깊게 한 가지를 써도 좋지만, 두 가지 정도로 넓혀 쓰는 것도 허용된다.

### 11월 최종안의 자기주도학습 영역 중에서

초등학교 시절 나에게 가장 강하게 남아 있는 기억은 고무 동력기 실험이다. 내가 직접 만든 비행기가 나는 것을 보면서 진짜 비행기를 만들어 보고 싶다는 생각을 했고, 비행기는 나의 꿈이 되었다. 초등학교 때 했던 항공과학반 활동을 중학교 때도 이어나가 모형 비행기를 조립하고 수많은 항공과학 행사들에 참가하며 나의 꿈을 발전시켰다. 꿈이 기술개발자인 만큼 항공기에 대한 이해는 필수다. 그래서 우리나라 우주항공 기술의 메카인 나로우주센터에 방문하여 우주개발의 현황 등을 주제로 공부했고, 이는 추진체 등 다른 분야에 대한 호기심으로 이어져 관련 정보를 찾아보고 그에 대한 보고서를 작성, 제출했다. 이를 통해 우리나라 우주 발사체의 역사, 추진체의 원리와 종류 등에 대해 더 많은 것을 알게 되었다. 내가 비행기를 날리는 방식은 '하이스타터'인데, 동력이 없기 때문에 고도를 높이기 위해서는 '써멀'을 타는 것이 필수다. 써멀이 생기지 않아 비행기를 띄우기 힘든 날에는 시간과 지형을 보고 바람의 방향을 예측해 써멀 이상의 효과를 냈다. 이처럼 경험을 통해 지형과 시간에 따른 공기 흐름의 변화, 바람의 세기에 따른 적절한 비행 궤도 등을 익혔고, 활용도도 높아졌다. 또, 물로켓을 만들어 발사하며 가장 이상적인 발사 각도는 흔히 알고 있는 45°가 아니라 43°라는 것을 알아냈다. 이것은 공기저항과 벡터를 통해 설명된다. 이처럼 비행기 조작에 자주 사용되는 수학을 공부하기 위해서 선행보다는 심화 학습 위주로 기본, 응용, 심화 문제를 개념을 다진 후 오답 노트에 틀린 이유를 적어가며 확실한 확인 작업을 하려 노력했다. 수학은 문제를 많이 풀어보는 것도 중요하지만 문제에 관해 깊이 생각하는 것이 중요하다고 생각했다. 그래서 기존의 풀이 방법 외에 다른 방법은 없을까를 고민하며 생각하는 힘을 기르고 있다.

**최종안은 소재뿐 아니라 가독성도 좋아졌다.** 문장을 다듬어서가 아니라 소재를 잘 살려 도입부를 임팩트 있게 바꾸고, 흐름을 시간순·논리순으로 정리하면서 자연스러워진 덕이다. 알게 된 지식을 구체적으로 넣어준 부분도 눈에 띈다. 하이스타터나 써멀 같은 전문 용어, 발사 각도 같은 구체적인 내용을 넣어 아이 스스로 공부한 과정과 흔적이 훨씬 생생하게 보인다. 여기에 수학 공부를 덧붙이며 내용도 풍성해졌고 실용적인 학습 과정도 잘 드러났다.

## ‖ 실전 2 ‖
# 합격 자소서의 영역별 사례

합격한 아이들의 자소서를 학교별로 보면서 감을 키워보자. 실제 사례라 훨씬 더 와닿을 것이다. 개인 정보라 원문을 모두 공개할 수 없어 중간에 생략한 부분이 있지만 큰 흐름을 보는 데 불편하지 않도록 정리했다. 또한 '졸업 후 진로 계획' 영역은 자기주도학습 영역과 연결되는 부분이므로 별도로 다루지 않았다.

### 자기주도학습 영역_전사고 1

먼저 전사고에 합격한 A의 자소서를 살펴보자. 전사고 입시의 핵심은 학습의 능동성, 자율성, 심화성이다. 그 기준으로 자소서를 살펴보면 이해하기가 훨씬 편할 것이다. 단, 다음 사례는 자소서의 네 영역 중 자기주도학습 영역만 가져온 것이다. 이후 다른 영역도 소개하겠지만, 자소서의 핵심은 자기주도학습 영역인 만큼 이 부분을 좀 더 집중적으로 다루겠다. 사실 이 영역만 제대로 감을 잡으면 다른 영역을 쓰는 건 크게 어렵지 않다.

제가 다닌 중학교가 사회적 경제 교육과정 연구학교였던 것은 제 인생에 있어 큰 행운이었습니다. 덕분에 누구보다 먼저 사회적 경제나 사회적 기업, 협동조합과 같은 새로운 개념을 접했고 제 미래에 대해 고민해 볼 수 있었기 때문입니다. [← **계기**] 학교에서 사회적 기업 '에코팜므'의 대표인 박진숙 강사님의 난민지원 사회적 기업에 대한 강연을 들은 적이 있습니다. [← **확장 과정** ①] 덕분에 사회적 기업의 의미나 유형, 국내외 사례들은 알 수 있었지만 사회적 기업과 비영리단체의 구분이 어려웠습니다. [← **부분 결과** ①] 하지만 마이클 포터와 신준영 대표의 TED 강의를 통해 [← **확장 과정** ②] 사회적 기업이 단순히 지역경제 활성화를 넘어 세계 문제의 근본적인 해결책이 될 수 있다는 사실을 알게 되면서 [← **부분 결과** ②] 이 부분을 더 깊게 공부하고 싶어졌습니다. 저는 먼저 관심사가 비슷한 친구들과 함께 진짜 사회적 기업을 만든다고 가정하고 사회적 기업 모델 발표 시간을 가졌습니다. 사회적 기업에 대한 여러 아이디어를 접목해 장애인을 고용하고 수익의 10퍼센트를 기부하는 사회적 기업을 구상해 보았습니다. [← **확장 과정** ③] 하지만 수익이 생각처럼 나오지 않았고 고민하는 저희에게 선생님께서 '정부'의 역할을 생각해 보라는 힌트를 주셨습니다. [← **부분 결과** ③] 그 후 저는 인터넷과 매체를 통해 관련 사업의 정부 지원을 찾아냈습니다. 대한민국은 '사회적기업 육성법'을 개정했는데 이는 EU 등 유럽 국가의 법을 벤치마킹한 것이었습니다. 그래서 윤상미 교수의 '사회적 경제의 역사적 맥락과 사회적 기업 특성에 관한 비교 연구' 논문을 보며 유럽의 사례를 알아보았고 [← **확장 과정** ④] 그들이 사용하고 있는 용어부터 정의, 이윤 분배나 조직 형태가 우리와 확연히 다른 것을 보면서 앞으로 제가 만들고 싶은 사회적 기업의 힌트를 얻을 수 있었습니다. [← **전체 결과**]

괄호로 표시한 것처럼 자기주도학습 영역은 크게 '학습의 계기 → 확장 과정 → 결과' 순으로 쓴다. 학습의 계기로 여러 가지가 있을 수 있겠지만 가장 좋은 것은 '학교 수업을 듣다가'다. 수업과 무관하게 책, 기사, 뉴스 등에서 소재를 찾을 수도 있지만, 학교 수업을 듣다가 특정 소재나 주제에 궁금증이 생겨서 탐구를 시작하는 게 가장 일반적이기도 하고 가장 와닿기 때문이다.

계기보다 중요한 것이 과정이다. 호기심이나 문제를 해결하는 과정이 곧 자기주도학습이자 탐구력을 보여줄 수 있는 부분이기 때문이다. 학습 과정을 구체적으로 적어나가는 게 핵심인데, 많은 아이가 나열식으로 쓰고 만다. 앞서 말했듯 '나는 A도 보고, B도 보고, C도 보면서 공부했다.'처럼 보거나 한 활동을 나열하는 것이다. 면접관으로서는 A, B, C를 어느 수준부터 어디까지 들여다보았는지 알 수 없으므로 구체성이 떨어진다고 여긴다. 과정을 설명할 때는 언제나 정확한 매체와 방법을 말해야 한다. 동시에 과정을 통해 무엇을 알게 되었고, 무엇을 해결할 수 있었으며, 다음으로 어떻게 나아갔는지 명확한 결과를 덧붙여야 한다.

학습 결과를 쓸 때는 '~ 것을 알게 되었다.'로 끝내지 않도록 주의한다. 학습 과정에서 알게 되거나 해결된 것보다 더 중요한 것은 '추가적인 호기심이나 궁금증'으로 이어지는 과정이다. 얕은 단발성 학습이 아니라 지속성이 더해진 심화 또는 응용 학습으로 나아가야 하기 때문이다. 1차 학습이 끝나면 그것을 기반으로 2차 학습을 하고, 2차 학습이 마무리될 즈음에 누가 시키지 않아도 3차 학습으로 깊이를 더해가는 학습이 계속 물리고 물리는 느낌으로 들어가야 한다. 그렇게 써야 심화 학습으로 나아가는 능동성을 보여줄 수 있다. 이런 자소서를 본 면접관은 '이 학생은 궁금증이 생기면 어떻게든 해결하려는 학생이구나.'라는 인상을 받게 된다.

학습 과정에 들어가기에 좋은 매체는 정해진 게 없다. 책·논문·기사 같은 텍스트 매체도 좋고, 뉴스·강연·인터뷰 같은 영상도 좋고, 행사·활동·실험 같은 참여형 프로그램도 좋다. 다만 어느 과정에서든 책은 꼭 들어가면 좋겠다고 추천한다. 책만큼 접근성도 좋은데 신뢰할 수 있는 매체도 없기 때문이다. 기본적으로 지적 호기심을 해결하기 위한 탐구 과정에서 학습의 매체와 방법에는 제한이 없어야 한다. 특히 하나고 같은 학교는 주도성이 강한 아이를 선호하는데 여기서 말하는 '주도성'은 주어진 임무를 어떻게든 해결하려는 의지와 열정을 말한다. 궁금한 점이 생기면 이 문제를 알아보기 위해 해외 기관 홈페이지에도 들어가 보고, 어떤 교수의 칼럼도 읽어보고, 다양한 강연도 보는 등 궁금증을 해결하기 위해 적극적으로 나섰다는 느낌이 들도록 해야 한다.

## 자기주도학습 영역_전사고 2

다음은 전사고에 합격한 B의 자소서다. B의 자소서는 이과형 자소서이므로 앞의 문과형 자소서와 무엇이 다른지 눈여겨보자. 이과형 자소서에는 문과형 자소서와 달리 전문 용어나 학술 용어 같은 '개념어'가 등장한다. 아이들에게 자소서를 써 오라고 하면 문과형이든 이과형이든 경험 위주로 써온다. 이과형 아이의 대표적인 경험은 '실험'이다. 학습 계기가 생겼을 때 궁금증을 해결하기 위해 어떤 실험을 준비하고, 실험을 통해 얻어낸 결과를 적어내는 식인데 이것만으로는 부족하다. 자기주도학습 영역이므로 단순 실험으로 끝내지 말고, 그 결과가 나오게 된 '이론'적 원리를 더 깊게 탐구하는 학습으로 나아가는 모습을 보여줘야 한다. 이 부분에 유념해서 아래 자소서를 살펴보자.

2학년 화학 시간에 원자에 대해서 배우며 원자 모형의 변천 과정에 관한 교과서의 서술이 부족하다고 느껴 원자 모형의 변천사를 조사해 보게 되었다. [← **계기**] 조사하는 과정에서 중학교 교과서에 제시된 전자가 일정한 궤도에서 원운동하고 있으며 전자의 위치와 속력을 정확하게 결정할 수 있다고 주장한 보어의 원자 모형이 하이젠베르크의 양자역학에 의한 불확정성의 원리에 따라 한계가 있음을 알게 되었다. [← **부분 결과** ①] 이에 전자의 존재 확률 분포를 나타내는 현대 원자 모형, 오비탈의 개념을 접하여 이를 화학 노트에 정리하고 이해하였다. 그즈음 리처드 파인먼의 ["왜 자석은 서로 밀어내는가?"에 대한 답변]이라는 영상을 보고 리

처드 파인먼의 설명 방식으로 오비탈이라는 개념을 이해하기까지 필요한 "왜?"라는 질문을 단계적으로 해나아갔다. [← **확장 과정** ①] 먼저 나 스스로 이해를 한 후 교육자의 입장이 되어 오비탈에 대해 배우는 각기 다른 수준의 화학적 지식을 가지고 있는 사람들이 던질 질문을 그 깊이를 달리하여 단계적으로 설계해 보고 답변을 준비해 보았다. 이로써 오비탈의 개념과 보어의 원자 모형이 간과한 전자의 파동성, 보어의 원자 모형의 이론적 배경의 한계를 증명하는 불확정성 원리에 대한 이해를 견고히 할 수 있었다. [← **부분 결과** ②] 2학년 진로 교과 시간, 30일 프로젝트 활동에서 김대식 교수의 '뇌, 현실, 그리고 인공지능'이라는 강의를 듣고 해당 내용을 정리 및 해석하여 내용을 보고하였다. [← **계기**] 브레인 리딩(Brain Reading)을 통해 전신 마비 환자의 뇌의 패턴을 읽어 로봇이 이를 실행해 주는 실험과 브레인 라이팅(Brain Writing)을 통해 서브리미널 퍼셉션 현상을 이용하여 피실험자의 은행 계좌 비밀번호를 알아내 뇌를 해킹한 실험 등 다양한 사례를 접하였다. [← **부분 결과** ①] 그중, 광유전학을 이용한 브레인 라이팅(Brain Writing) 실험을 접하고 광유전학을 조사하였다. 이를 통해 광유전학 브레인 라이팅을 이용하여 동물, 이론적으로는 사람의 신경 활동을 제어하여 초래될 수 있는 윤리적인 문제에 대해 고찰해 보고 토론해 보았다. [← **확장 과정** ①] 광유전학에 대해 긍정적, 부정적 측면을 모두 다뤄본 결과 기술의 바람직한 발전에는 적절한 개발과 규제가 상호작용해야 함을 깨달았다. [← **부분 결과** ②]

보어의 원자 모형, 하이젠베르크와 양자역학, 오비탈의 개념, 광유전학까지 다양한 개념어를 등장시켜 해당 주제를 깊이 있게 공부했다는 점을 부각했다. '저런 어려운 개념을 어떻게 공부하지?'라고 생각할 수 있는데, 저 개념을 가지고 어떤 '문제'를 푸는 것이 아니라 '설명'하는 것이므로 화학에 관심이 많은 아이라면 책과 인터넷 강연을 통해 어렵지 않게 알 수 있다. 많은 부모님이 학습을 '선행'으로 접근하다 보니 개념 학습조차 문제 풀이로 오해하는 때가 있다. 자소서와 면접은 '이 아이가 어떤 분야에 관심이 있는지, 그 분야에 대해 어느 정도의 지식이 있는지'를 확인하는 것이지 대학 전공 면접이나 올림피아드가 아니므로 너무 부담 갖지 않아도 된다.

개념어가 반드시 들어가야 하는 것은 아니지만, 개념어가 없으면 학습의 수준이나 깊이감을 보여주기 힘들고 구체성이 떨어져 면접관의 시선을 사로잡기가 힘들다. 수준 높은 학습을 했다고 해서 합격하는 것은 아니지만, 그저 그런 쉬운 학습만 해서는 합격할 수가 없다. 특히 하나고나 외대부고처럼 경쟁률이 높은 학교에 지원하는 경우 일반적인 학교 활동 안에서 누구나 하는 수준의 경험만 적으면 합격하기 어렵다. 전사고에 지원한 이과형 아이 중에는 영재학교나 과학고를 준비하다가 넘어온 경우도 많아 학업 능력이 우수한 데다 폭넓은 경험까지 갖춘 아이가 흔하다. 따라서 문과형 자소서와 비교하면 이과형 자소서에는 좀 더 '힘'을 줘야 한다.

처음부터 사례와 같은 합격한 자소서 수준으로 쓸 수는 없다. 처음에는 개괄적인 뼈대만 잡고 본인이 직접 공부해 보면서 방향성과 깊이감을 수정하는 식으로 작성하면 저 정도는 어렵지 않게 쓸 수 있다.

## 자기주도학습 영역_외고·국제고

다음으로 외고·국제고에 합격한 C와 D의 자소서 중 자기주도학습 영역을 살펴보자. 결론부터 말하면 외고·국제고 지원자는 전사고 지원자에 비해 조금 더 '학생다운' 것을 쓸 수 있다. 교내 활동이나 친구들과 함께한 프로그램을 적어 활동성을 강조해도 괜찮다는 말이다. 물론 전사고처럼 학업적 깊이감을 보여줄 수 있다면 금상첨화이지만 필수는 아니므로 부담이 덜하다. 그럼 사례를 보며 자세히 살펴보자.

2학년 1학기 때 기말고사에서 원하는 만큼 좋은 성적을 받지 못해 고민에 빠진 적이 있었다. 그러던 중 어머니가 커다란 통에 돌이나 모래, 커피 등을 넣는 비유를 들어 인생에서 중요한 일들을 우선적으로 하며 시간을 효율적으로 관리하라는 이야기를 해주셨다. 이를 들으며 나는 하루라는 시간 속에 큰 돌을 먼저 채워 넣자고 다짐했다. 이후 **스터디 플래너**를 사용하여 매일 그날의 학교 수업과 과제, 인터넷 강의와 같은 개별 학습의 내용을 적고 그것들을 지키기 위해 노력했다. 또한 인터넷 강의를 보고 노트 필기를 하며 **나만의 예상 문제집**을 만들어 공부했다. 과목마다 따로 챕터를 만들어 필기하고, 시험 기간에 필기한 노트를 보며 주요 내용을 암기하고 복습했다. 선생님이 강조하신 내용은 더 눈에 띄는 색의 펜으로 내용을 강조해 주었다. (이하 생략)

"최고의 해외 특파원이 되기 위해 갖춰야 할 자질은 무엇일까?" 중학교 시절 최고의 해외 특파원이 되고 싶다는 마음으로 수많은 교내 동아리 중 **영자 신문 동아리**에 들어갔다. 영자 신문 동아리에서 처음 영어로 기사를 작성할 때는 작성할 내용을 한글로 적어놓은 다음 이를 영어로 번역하는 방식으로 영어 기사를 적었다. 그러나 많은 기사를 작성해 보며 '3단 작성법'으로 영어 기사를 작성하는 루틴이 생겼다. 우선 The Korea Herald와 같은 웹사이트에 들어가 관심 있는 기사를 선정하고, 그 기사를 요약하는 것이다. 그다음에는 요약한 내용을 바탕으로 나만의 기사를 쓰고 선생님과 단어 선택, 글의 흐름, 문법 등을 첨삭한 후 최종 기사를 작성했다. 나만의 영어 기사를 쓰기 위해 3단 작성법 중 기사를 요약하는 단계인 2단계에서 기사를 보다 꼼꼼하게 요약하려고 노력했다. 이로 인해 처음에 기사를 썼던 방법보다 기사의 흐름이 더욱 매끄러워진 것이 느껴졌다. (이하 생략)

A와 B의 자소서에 비해 C와 D의 자소서가 확실히 가벼워진 것을 알 수 있다. 먼저 C는 많은 아이가 활용하는 스터디 플래너와 나만의 예상 문제집을 자기주도학습법으로 썼다. 사실 아무리 외고·국제고라 해도 이런 보편적인 학습법 사례는 추천하지 않는다. 이왕이면 인권, 경제, 화학, 물리 같은 세부 주제로 접근하는 편이 자기주도학습 과정을 보여주기에는 훨씬 수월하기 때문이다. 그런데도 사례로 C의 자소서를 넣은 이유는 '외고는 평소 아이가 해온 보편적인 학습법을 자소서에 써도 붙을 수 있다'는 점을 보여주기 위해서다. 아이가 한 가지 주제로 자기주도학습 과정을 쓸 수 없다면

C처럼 '학습 방법'이라도 써야 한다. 스터디 플래너나 예상 문제집 정도는 누구라도 활용하는 방법이므로 주제를 찾는 게 너무 어렵다 면 차선책으로 쓸 수 있다는 말이다.

D는 학교 활동 위주로 썼다. 영자 신문 동아리에서 영문 기사를 쓰는 과정과 그 결과를 구체적으로 적었다. 사실 전사고 지원자라 면 영자 신문 동아리 활동을 주력으로 쓸 수는 없다. '학습'이 아니 라 '활동'이기 때문이다. 하지만 외고·국제고 지원자는 '학습'이 조 금 약하다면 '활동'을 부각해서 써도 괜찮다. 그래서인지 외고·국제 고를 준비하는 아이들은 교내 활동을 자소서에 많이 활용하는 편이 다. 그렇다 해도 학교 활동을 그대로 쓰면 곤란하다. 많은 교내 활 동, 특히 동아리 활동의 경우 형식이나 내용이 체계적이지 않고 주 먹구구식으로 운영되는 경우가 많아서다. 가감 없이 쓰면 일기처 럼 보일 정도다. 그래서 약간은 추가 및 보완하는 작업이 필요하다. D 역시 실제로는 영자 신문 기사를 그냥 작성했지만, 자소서에서는 이를 3단계로 나눠서 더 구체화하고자 노력했다. 그렇게 해야 학습 적인 부분을 보완할 수 있기 때문이다.

## 지원 동기 및 입학 후 활동 계획 영역_외고·국제고

이번에는 지원 동기 및 입학 후 활동 계획 영역의 합격 자소서를 살펴보자. 다음은 외고·국제고에 지원한 E와 F의 자소서이지만 자 사·특목고에 공통으로 적용할 수 있으므로 함께 살펴보자.

내 꿈인 경제부 기자는 국제와 국내의 경제적 상황 모두를 알리기 위해서 **외국어를 능통**하게 할 수 있어야 하고, **자주적 문제해결력**을 갖추어 경제 문제의 해결 방안을 제시할 수 있어야 한다. ○○외고에서 이런 부분을 전반적으로 채울 수 있을 거라 확신해 지원을 결심하게 되었다.

외교관은 전 세계에서 발생하는 문제들을 논의하고 여러 국가와 협정을 맺는 직업입니다. 따라서 전 세계인들과 원활히 소통할 수 있어야 하기에 세계 공용어인 영어를 능숙하게 사용할 수 있어야 합니다. 외교관으로서의 자질은 귀교의 **교육 목표인 교양인, 세계인 그리고 봉사인**과 매우 흡사합니다. 그뿐만 아니라 기숙사는 통학 시간을 줄여주며 면학실은 충분한 자율학습 시간을 보장해 주기에 학업에 있어 더없이 좋은 환경입니다.

지원 동기를 쓸 때는 학교의 큰 그림, 즉 학교의 건학 이념과 교육목표 같은 학교의 핵심 비전을 중심으로 작성해야 한다. 그런데 그 학교의 개별 프로그램, 동아리, 방과 후 수업 등을 중심으로 지원 동기를 작성하는 아이들이 많다. 물론 그 학교를 지원하는 진짜 이유가 그 학교만의 특징적인 프로그램이 마음에 쏙 들었기 때문일 수도 있다. 하지만 개별 프로그램이나 동아리 등은 언제든 사라질 수 있다. 반면 교육목표나 건학 이념은 학교의 뿌리이므로 웬만해서는 바뀌지 않고 시간이 흐를수록 공고히 다져진다. 지원 동기를 쓸 때 이 부분에 집중해서 쓰라고 권하는 이유다. 물론 건학 이념과 교육목표가 추상적인 학교도 많다. 그래서인지 지원 동기와 어떻게 연결해야 할지 감을 잡기 어렵다고 말하는 아이가 많다. 가장 좋은 방법은 아이의 진로와 연관시키는 것이다. 진로에서 필요한 자질이나 능력이 그 학교가 중요하게 여기는 이념과 연결되는 느낌으로 써주면 가장 무난하다. E와 F의 사례는 모두 그 학교의 건학 이념과 아이의 진로를 연결시킨 경우다.

지원 동기를 쓸 때 많은 아이가 '진짜' 이유를 쓰는 실수를 한다. 자소서를 정말 자신을 소개하는 글로 착각해서 생기는 실수다. 그 래서 '일기'처럼 머릿속 진짜 생각과 이유를 쓰곤 하는데 그럴 때마다 난감하다. 진짜 이유는 '사촌오빠가 이 학교를 나와서', '이 학교 근처에 사는데 오가면서 이 학교 교복을 입은 언니 오빠들을 자주 봐서', '이 학교의 캠프를 초등학교 때부터 참여해서'처럼 얕은 호감과 관심이기 때문이다. 면접관은 이런 가벼운 이야기를 들으면 솔직하다고는 여기지만 지원 동기가 약하다고 판단한다. 굳이 학교마다 지원 동기를 쓰게 하는 이유는 매우 단순하다. '이 학생은 우리 학교에 대해 얼마나 알고 있는가?', '이 학생은 우리 학교에 얼마나 관심이 있는가?'를 알고 싶어서다. 따라서 강한 동기를 보여줄 수 있어야 한다.

예를 들어보자. 지원 동기는 우리 학교에 왜 지원했는지를 묻는 것인데, 답은 이미 정해져 있다. 바로 '내 꿈을 이루기 위해서'다. 모든 고등학교는 학생이 목표를 향해 더 수월하게 나아갈 수 있도록 돕는 발판이기 때문이다. 따라서 "이 학교의 ○○한 면과 △△한 면은 내가 가진 □□의 꿈을 이룰 수 있도록 튼튼한 발판이 되어줄 것이라 믿어서다."가 되어야 한다. 여기에 들어가는 ○○와 △△는 이 학교의 '정보'다. 이런 정보는 학교 홈페이지, 설명회, 기사 등에서 확인할 수 있다. 생각보다 많은 아이가 지원하려는 학교를 '상상'만 한다. 해당 학교만의 철학과 교육과정은 어떠한지, 이 학교가 가장 중요하게 생각하는 가치가 무엇인지에는 전혀 관심이 없다. 특이해 보이는 동아리나 방과 후 프로그램, 재미있어 보이는 축제 등에만 관심을 보이거나 그마저도 모르는 경우가 많다. 그냥 멋있어 보여서 가려는 아이도 꽤 많다. 이래서는 지원 동기를 제대로 쓸 수 없다.

입학 후 활동 계획도 마찬가지다. 단순히 그 학교에서 해보고 싶은 활동을 쓰는 게 아니라, 본인의 꿈을 이루는 데 필요한 활동을 그 학교의 프로그램과 연계해서 써야 한다. 학교에서는 미래에 대한 자기 계획을 갖고 실천하는 아이를 뽑고 싶기 때문이다. 이 부분 역시 지원하는 학교에 대한 정보가 있어야 잘 쓸 수 있다. 그런데 많은 아이가 입학 후 활동 계획에 동아리 활동을 쓴다. 그다지 추천하지 않는다. 동아리는 언제든 새로 생기고 없어질 수 있기 때문이다. 그 학교가 적극적으로 지원하고 홍보하는 대표 활동과 교육 활동을 써야 안정적이다. 따라서 자소서를 쓰기 전에 해당 학교에 대한 정보를 꼼꼼하게 수집해 둬야 한다.

## 인성 영역_공통

인성 영역은 그 분량에 비해 중요도가 꽤 높은데, 자소서의 마지막 항목이므로 면접에서도 마지막 질문으로 이어질 수 있다. 인성 영역의 자소서 질문은 정확히 이렇다. "본인의 인성(배려, 나눔, 협력, 타인 존중, 규칙 준수 등)을 나타낼 수 있는 개인적 경험 및 이를 통해 배우고 느낀 점을 쓰시오." 여기서 한 가지 눈여겨볼 게 있다. 바로 '리더십'이 없다는 점이다. 부모와 아이들은 인성 영역에 자꾸 리더십 경험을 쓰려고 한다. 학교에서 3년 내내 반장을 한 친구도 많고, 전교 회장·부회장 출신도 많고, 동아리 회장을 적어도 한 번은 해본 아이들도 많아서다. 나름대로 시간을 많이 들여서 한 활동이고 꽤 화려해 보이니 아이들은 이런 경험을 더 쓰고 싶어 한다. 하지만 내가 인성 영역에 가장 쓰지 말라고 하는 경험이 '리더십' 경험이다.

리더십이 들어가는 순간 자소서가 너무 평범해진다. 전교 회장은 한 학교에서 한 명, 반장은 반에서 한 명이니 개인에게는 특별한 경험이지만, 자사·특목고에 지원하는 아이라면 모두가 한 번은 해봤을 보편적인 경험이다.

면접관에게는 지극히 평범한 아이로 보인다는 말이다. 면접관이 인성 영역에서 보고자 하는 게 무엇일지를 생각해 보자. 아이의 화려한 비교과 경험치를 보려는 걸까? 전혀 아니다. 이 아이가 단체 생활 또는 기숙사 생활을 잘할 수 있을지 확인하려는 것이다. 인성 영역의 자소서 질문에서 리더십이 아니라 배려, 나눔, 협력, 타인 존중 등을 굳이 키워드로 강조한 이유다. 다음 G의 자소서를 살펴보자.

중학교 2학년 가을에 학교에서 진행하는 학생의 날 기념 음악회에 참가 했습니다. 연습 모임 첫날 저는 전문적인 음악 선생님도 안 계신 상황에서 다양한 악기가 어우러질 수 있을지 걱정되었습니다. 또, 악보를 읽지 못 하는 친구들을 도와가며 연습을 진행하다 보니 연습 속도가 잘 나질 않았 습니다. 그러던 중 기타를 연주하시는 학교 특수 장애인 선생님도 참가하 신다는 소식이 들려왔습니다. 예상치 못한 상황에 당황했으나, 저는 저희 의 목표를 위해 최선을 다해야겠다고 생각했습니다. 특수 장애인 선생님 을 도와드릴 때는 청각을 극대화하는 방법을 사용했습니다. 처음에는 계 이름이 손에 익으실 때까지 불러드렸고 계이름을 어느 정도 익히셨을 때 는 악기 1:1 매칭을 통해 나오는 타이밍을 알려드렸습니다. 기타와 플루 트 혹은 바이올린 등과 같이 연습하였고 점점 매칭하는 악기 수를 늘려갔 습니다. 그렇게 하다 보니 합주를 할 수 있게 되었고 무사히 연주를 마칠 수 있었습니다. 이 과정에서 저와 저희 팀원들은 뿌듯함과 성취감을 느꼈 을 뿐만 아니라 서로의 마음을 맞춰가는 과정도 배울 수 있었습니다.

G는 교내 음악회 참가를 경험으로 썼는데 그다지 화려하거나 특 별하지 않은 경험이다. 음악회 연습을 하는 상황에서 특수 장애인 선생님이 함께하게 되었고, 이로 인해 발생하게 된 어려움을 배려 와 아이디어로 해결해 나가는 과정을 담고 있다. 면접관은 이런 에 피소드를 읽었을 때 '아, 이 친구는 눈앞에 어려움이 닥치더라고 잘 처리할 수 있는 아이구나.'라고 생각한다. 이런 아이는 기숙사에서 지내야 할 아이다. 기숙형 학교에 들어가면 지금까지 부모와 한 번 도 떨어져 본 적이 없는 아이들이 난생처음 친구들과 함께 생활해

야 한다. 당연히 여러 가지 문제가 생기고 아이들끼리 부딪힐 수밖에 없다. 특별히 누군가 문제를 일으켜서가 아니라 서로 가치관이 다르고 생각이나 처지가 달라서 생기는 문제다. 이럴 때 필요한 게 이해와 배려다. 인성 영역에 리더십이 아니라 배려와 협동을 강조해야 하는 이유다.

인성 영역을 채울 때 에피소드나 활동을 나열식으로 여러 개 쓰지 않도록 한다. 한 가지 에피소드를 자세히 써서 상황이 눈앞에 보이는 느낌이면 좋다. 인성 자체가 추상적인 면이 강해서 구체적인 상황을 보여줘야 잘 드러나기 때문이다. 인성 영역의 구성 방법을 표로 정리하면 다음과 같다.

### | 인성 영역의 구성 방법 예 |

| | |
|---|---|
| 활동 | 교내 신문부 부장 활동 |
| 계기 | 내 꿈인 언론인을 간접 체험해 보고 학교의 문제점 등을 논의하고 싶었음. |
| 에피소드 | 1학년들이 할당된 기사를 제대로 쓰지 못하고, 동아리 활동 참여율도 저조함. 그렇다 보니 2학년들이 일을 더 떠맡게 되고 동아리 구성원 사이에서 불만이 터져 나옴. |
| 해결 과정 | 1학년들에게 왜 그런지 우선 물어봄. 어떻게 기사를 써야 할지 모르겠다고 함. 동아리 시간을 쪼개서 1학년들에게 기사 작성법에 대해 한 번 더 안내하고, 1:1 멘토제를 운영해 1학년과 2학년 사이에 개인적인 관계를 만들어줌. |
| 결과와 느낀 점 | 팀을 이끌기 위해서는 단순히 할당된 미션을 끝내는 것뿐만 아니라 팀원들끼리의 연대감과 유대가 중요하다는 것을 깨달음. |

먼저 어떤 활동을 왜 하게 되었는지 계기가 나와야 한다. 활동하게 된 계기에서부터 그 학생의 스타일을 파악할 수 있기 때문이다.

그다음 거기서 어떤 에피소드나 사건이 발생했다고 써줘야 하는데, 여기서 말하는 에피소드는 드라마같이 극적인 사건일 필요는 없다. 아주 사소하거나 일상적으로 발생하는 일이어도 괜찮다. 중요한 것은 자칫 지나칠 수 있는 문제 상황이나 사건을 본인이 인지하고 이를 해결하거나 소화해 보려고 노력한 경험치를 써주는 것이다.

다음에는 해결 과정이 나와야 한다. 해결 과정에서 아이가 적극적으로 개입한 흔적을 내보여야 한다. 아무것도 하지 않고 지켜만 보았는데 문제가 해결된 상황을 쓰는 아이들이 있다. 또는 너무 당연한 행동으로 보이는데 대단히 자랑스러운 행동처럼 쓰는 아이도 있다. 길을 걷다 골목에 떨어진 쓰레기를 주웠다는 내용을 배려 경험이라고 쓰는 식이다. 과정을 쓰는 이유는 어떤 행동을 통해 아이가 얼마나 배려를 잘하는 아이인지, 본인이 가진 것을 잘 나누는 아이인지, 타인을 존중하는 태도가 얼마나 큰 아이인지 보여주기 위해서다. 따라서 일반적인 배려, 나눔, 협력이 아니라 다른 아이보다 '더' 배려하고, '더' 적극적으로 나눔에 참여한 경험치를 써야 한다.

마지막으로 결과와 느낀 점을 적는다. 느낀 점으로 일반적이고 추상적인 단어를 넣어 마무리하는 경우가 많은데 성장이나 생각의 변화가 분명히 드러나도록 써야 한다. 그래야 에피소드와 해결 과정이 빛나 보인다.

# 합격과 불합격을
# 가르는 핵심, 면접

자사·특목고 입시에서 핵심은 2단계 전형인 면접이다. 합격과 불합격은 면접에서 갈리기 때문이다. 그런데 면접을 '잘 본다'라는 기준이 부모마다 다르다. 그중 대표적인 오해가 답변의 내용이 아니라 답변의 태도에 집중한다는 점이다.

"아이가 내성적인데 걱정이에요.", "아이가 말을 할 때 눈을 잘 못 맞추는데 괜찮을까요?", "아이 목소리가 크지 않은데 바꿀 수 있을까요?" 같은 걱정만 봐도 부모들이 어디에 초점을 맞추는지 알 수 있다. 물론 발음, 발성, 아이 콘택트 등은 메시지 전달력에 영향을 미치고, 메시지 전달력이 좋은 아이가 아무래도 높은 점수를 받을 수밖에 없다.

하지만 전달력이 전부가 아니다. 그보다 훨씬 중요한 것은 말 속에 담긴 '내용'이다. 아이가 눈을 제대로 마주치지 못하고 발음이나 발성이 흔들려도 말에 담긴 내용이 좋으면 합격한다. 반대로 내용이 빈약하거나 허술하면 아무리 말을 잘해도 불합격이다. 말을 잘하는 아이가 아니라 똑똑한 아이를 뽑는 과정이기 때문이다. 면접관들은 아이의 학업 역량을 측정하는 데 집중하므로 외적인 부분에는 영향을 덜 받는다. 따라서 면접 태도도 중요하지만 어떤 질문에 어떤 내용을 담아서 어떻게 답변할지에 더 집중해야 한다.

## 면접의 핵심과 주의점

면접에서 가장 중요한 것은 말에 담을 '내용'이라고 했다. 그런데 내용만 있다고 면접을 잘 볼 수 있는 것은 아니다. 머릿속에 든 내용을 입 밖으로 꺼내는 일은 또 다른 영역이기 때문이다. 취재를 잘하고 글도 잘 쓰는데 말은 어렵다는 기자가 있는 이유다. 머릿속에 담긴 내용을 타인에게 전달하는 일은 전혀 다른 문제이고, 그 내용을 글로 전하느냐 말로 전하느냐 역시 서로 다른 문제다.

면접 수업을 해보면 배우지 않고도 말을 잘하는 아이들이 있다. 물론 여기서 말을 잘한다는 뜻은 질문을 정확히 이해하고 그에 따른 답변을 논리 정연하게 내놓는다는 의미다. 하지만 많은 아이가 긴장하고 어려워한다. 면접이라는 상황 자체가 낯설기도 하거니와 주어진 시간 동안 질문 의도를 빠르게 파악해야 하고, 답변도 논리적으로 내놔야 하기 때문이다. 하지만 구조적 말하기 기법은 어느 정도 연습하면 쉽게 익힐 수 있다. 내용을 구조 틀에 끼워서 답하는 방식이기 때문이다. 물론 딱딱하게 느껴질 수 있으므로 이 기법에 익숙해지면 변주를 주는 것도 방법이다. 어쨌든 변주는 나중 일이고 일단 구조적 말하기를 익혀야 한다.

## 구조적 말하기

구조적 말하기의 대표적인 특징에는 두괄식, 단문체, 구체적인 내용과 사례, 명확한 결론 등이 있다. 이중 '두괄식'은 구조적 말하기의 핵심이다. 두괄식은 이름 그대로 질문의 '핵심'을 가장 '먼저' 말하는 방식이다. 질문에 대한 답을 '생각나는 대로' '나열하듯' 말하는 아이가 많다. 핵심을 비껴가거나, 핵심을 맨 마지막에 말하는 아이도 꽤 있다. 이럴 때 면접관은 아이가 질문을 이해하지 못했다고 오해할 수 있다. 핵심을 빨리 이야기해야 면접관이 안심하고 부연 설명에도 집중한다.

"평소에 수학 공부는 어떻게 합니까?"라는 질문이 나왔다고 해보자. 꽤 많은 아이가 지금까지 해온 수학 공부 과정을 쭉 나열하듯 말한다. 곤란하다. 모든 면접 질문에 대해 핵심을 먼저 말하고 부연 설명을 이어가야 한다. 저 질문을 들었다면 아이는 자신의 수학 공부에서 핵심이 무엇인지 찾아야 한다. 그리고 "저는 수학 공부를 할 때 2단계 오답 노트를 사용합니다."라는 식으로 답변이 나와야 한다. 이어서 핵심으로 말한 '2단계 오답 노트가 무엇이고, 왜 만들었고, 어떻게 만들었는지' 등을 구체적으로 답해야 한다. 나만의 개념 공부나 문제 풀이 방식이 있다면 말할 수 있지만 보편적인 방법이라면 굳이 언급할 필요가 없다. 여러 방법을 나열하면 중심이 분산되어 집중도가 떨어지기 때문이다. 핵심을 정한 뒤 그것을 정확하고 구체적으로 전달해야 면접관이 집중한다는 사실을 기억하자.

구조적 말하기의 두 번째 특징은 '단문체'다. 대화할 때 문장 길이를 고려하는 사람은 많지 않다. 생각나는 대로 말하기 때문이다. 하지만 면접 상황이라면 반드시 단문체로 답해야 한다. 장문체는 한 문장에 담긴 내용이 너무 많아 집중도를 떨어트리기 때문이다. 흔히 말이 늘어진다고 하는데 잘 들어보면 생각나는 대로 정리하지 않고 말하는 경우다. 그렇게 쏟아낸 말은 누구도 정리하지 못하고 떠돈다. 누군가에게 "그래서 지금까지 한 말을 정리하면 ○○○인가요?"라는 말을 듣는다면 평소 장문체로 말하고 있다고 봐도 무방하다.

단문체로 말하려면 어떻게 해야 할까? 어렵지 않다. 질문을 들었다면 답할 내용을 머릿속으로 빠르게 정리해야 한다. 핵심이나 결론을 짧게 답하고, 부연 설명이 있다면 첫 번째, 두 번째, 세 번째 형식으로 나눠서 답하자. 바로 답할 수 없는 질문도 생각보다 많이 나온다. 평소에 질문에 바로 답하기보다 생각을 정리한 후 답해 버릇하면 훨씬 나아진다. 면접에 자주 나오는 주제나 소재에 대해서는 미리 생각을 정리해 두면 더 좋다. 이런 경우라면 미리 답을 단문체로 써서 연습해 봐도 좋다. 익숙해지면 굳이 쓰지 않아도 답변이 바로 나올 것이다.

구조적 말하기의 세 번째 특징은 '구체적인 내용과 사례'다. 이 부분도 매우 중요하다. 아이의 개별성과 창의성을 가장 잘 보여주는 대목이기 때문이다. 면접 경험이 없는 아이들은 자소서를 쓸 때와 마찬가지로 면접 질문에 답할 때도 '추상적'인 표현을 자주 사용한다. 앞서 나온 수학 공부를 어떻게 하느냐는 질문에 많은 아이가 "최대한 많은 문제를 여러 번 풀어봅니다. 그러다 보면 제 실수가 무엇인지 파악할 수 있는데 그런 문제들만 모아서 오답 노트를 만들어서 그 문제들을 여러 가지 저만의 방법으로 풀어봅니다. 그렇게 하면 제 수학적 사고력과 깊이감이 향상되는 것을 느낄 수 있습니다."와 같이 답한다. 얼핏 문제없어 보이지만 너무 모호하게 들린다. '최대한 많은 문제'란 하루에 정확히 몇 문제를 말하는지, 본인이 했다는 실수에는 어떤 것들이 있었는지, '저만의 방법'은 무엇이고, '수학적 사고력'이란 정확히 어떤 능력을 말하는지 계속해서 의문이 생기는 답변이다.

면접관은 학생 개개인의 역량을 파악하기 위해 애를 쓰는 사람이다. 그러자면 학생의 개인적인 이야기가 나와줘야 한다. 그런데 저렇게 모호한 표현을 쓰면 다른 아이와 구분되지 않는다. 그냥 누구라도 하는 특별할 게 없는 공부를 하고 있다고 여겨질 수 있다. 내가 얼마나 우수한 역량을 가졌는지 보여주려면 열심히 했다는 추상적인 표현이 아니라 구체적인 사례로 증명해야 한다. 평소에 어떤 방식으로 공부하는지, 능동적인 면모를 보일 수 있는 경험에 어떤 것들이 있는지 등을 제삼자의 관점으로 구체적으로 찾아보고 정리해 보자. 잊고 있던 자신만의 강점을 어필할 수 있을 것이다. 면접관의 질문이 평소에 생각해 보지 않았던 내용이더라도 구체성을 띨 수 있는 경험을 빠르게 찾아서 답해야 한다. 그래야 답변에 힘이 생긴다. 누구나 하는 뻔한 답은 누구나 받는 뻔한 점수를 부른다는 사실을 잊지 말자.

구조적 말하기의 네 번째 특징은 '명확한 결론'이다. 꽤 많은 아이가 두서없이 말하고 결론 없이 답변을 마무리한다. 답변에 결론이 있어야 한다는 인식이 없어서다. 그래서인지 말끝을 흐리는 아이도 꽤 있다. 결론은 '요약'이 기본이다. 앞에서 한 말을 한마디로 정리하는 식이다. 하지만 결론이 요약으로 끝나서는 안 된다. 앞으로 나아가야 할 방향이 나와줘야 한다. 예를 들어 '오답 노트야말로 내 수학 공부의 핵심 비법이자 실력을 끌어올린 원동력이었다'로 결론을 내기보다 현재 내 수학 공부의 문제점이나 한계를 어떤 식으로 극복해 나갈지에 대한 구체적인 해결책 등을 제시할 수 있다면 더 좋다. 질문에 답변을 잘하는 것도 중요하지만, 질문의 의도를 파악하고 한 단계 더 깊게 나아갈 수 있다면 차별화가 가능하기 때문이다.

구조적 말하기는 어려운 내용을 더 쉽게 전달하는 동시에 다른 친구들보다 깊이감 있게 전개하는 방법이다. 앞서 배운 구조적 말하기의 특징을 잘 활용하면 짧은 시간에 더 효과적인 답변을 완성할 수 있을 것이다.

# 비언어적 표현

구조적 말하기가 능숙해지면 다음으로 신경 쓸 부분은 표정이나 몸짓 같은 비언어적 표현이다. 같은 말을 해도 어떤 아이에게서는 긍정적인 분위기가 전해지는데 어떤 아이에게서는 부정적인 분위기가 전해질 때가 있다. 면접은 얼굴을 맞대고 대화를 주고받으며 상대를 평가하는 과정이다 보니, 주고받는 말만큼 표정이나 몸짓 등에서 전해지는 영향도 무시할 수 없다. 면접에 대비해 꼭 익혀야 하는 비언어적 표현 몇 가지를 살펴보자.

내가 가장 신경 쓰는 부분은 자세, 아이 콘택트, 발음·발성이다. 자세는 기본 중 기본이다. 모의 면접(외부에서 면접관을 세 명 정도 초빙해 실제와 비슷한 환경에서 면접을 치르는 수업이다)을 치르는 중에 한 번은 이런 일이 있었다. 한 아이의 모의 면접을 마치고 면접관이 마무리 비평을 하는데 첫 코멘트가 "정말 뽑아주기 싫게 생겼다."였다. '세상에 어린아이에게 어떻게 저런 인신공격성 발언을 할 수 있지?' 싶은데, 여기서 뽑아주기 싫게 '생겼다'라는 말은 아이의 생김새가 아니라 태도와 자세를 지적한 것이었다.

보통 면접장에 입장하면 인사부터 하는 게 일반적인데 그 아이는 면접관을 바라보지도 않고 의자에 앉았다. 면접 내내 다리를 양쪽으로 쭉 벌리고 등받이에 어깨를 기댄 채로 답변을 했다. 10분 내내 자세를 고쳐 앉지 않았다. 당연히 답변 내용이 더 중요하지만, 면접자도 사람이다 보니 저런 자세에서 나오는 답변이라면 좋게 들릴

리 없다. 면접관에게 잘 보일 필요는 없지만 적어도 무례하다는 인상을 주면 곤란하다.

재미있는 사실은 아이들이 평소 자신의 자세에 대해 아무 생각이 없다는 점이다. 예전에는 면접을 볼 때 아이들이 너무 긴장해서 문제였다면, 요즘에는 아이들이 너무 긴장을 안 해서 문제일 때도 많다. 앞에서 사례로 든 아이 역시 면접관을 무시해서 그렇게 앉은 게 아니라 평소에 앉던 자세로 편안하게 앉았는데 그런 자세가 된 것이다. 나는 아이들에게 자세가 조금 불편해야 정상이라고 말한다. 고개를 들고, 허리를 곧게 펴고, 다리를 모으고, 손을 무릎에 살짝 올려야 한다. 면접 시간 내내 이 자세를 유지해야 한다. 그래야 면접관이 학생의 답변에 집중할 수 있다. 이런 자세는 평소에 길들여 놔야 한다. 면접장에 왔다고 갑자기 아이가 올바른 자세를 취할 리 없기 때문이다.

다음으로 보는 부분이 아이 콘택트다. 나는 수업 중에 "면접관과 아이 콘택트를 하지 않는 행동은 합격을 포기한 행동"이라고 말할 정도다. 그만큼 중요하다는 의미다. 아이 콘택트로 얻을 수 있는 이점이 크게 두 가지인데 바로 '집중력'과 '신뢰도'다.

아이들은 자신이 하는 말을 면접관이 매우 유심히 들어줄 거라 기대한다. 하지만 막상 면접을 보면 면접관이 자신의 말에 그다지 귀 기울이지 않는 듯한 모습을 보고 놀란다. 면접관이 일부러 대충 들으려고 하는 건 결코 아니다. 다만 비슷비슷한 아이들이 특별할 것 없는 답변을 작은 목소리로 논리 없이 말하는 경우가 많다 보니 면접관도 집중력이 떨어진 것이다. 이런 면접관의 집중력을 학생에게 붙들어놓을 수 있는 가장 쉬운 방법이 아이 콘택트다. 눈을 마주해야 답변 내용에 대한 집중도가 올라가고, 집중도가 올라가야 점수가 올라간다. 면접관의 눈을 똑바로 보는 게 부담스럽다면 코나 이마를 봐도 괜찮다. 얼굴 안쪽은 어디를 봐도 시선을 피한다는 인상은 주지 않기 때문이다.

아이 콘택트를 하면 답변의 신뢰도도 높일 수 있다. 많은 아이가 답변에 자신이 없거나 면접관이 원하는 답이 아니라고 생각되면 일단 눈을 피한다. 그런데 면접 질문에는 정답이 없다. 면접은 퀴즈쇼가 아니다. 퀴즈쇼처럼 면접관이 정답을 알고 있고, 그 답이 나오길 바라며 쳐다보는 게 아니라는 말이다. 물론 정답이 있는 지식 관련 질문도 있다. 하지만 그런 질문조차 대부분은 면접자도 답을 모를 때가 많다. 평소 우리가 대화할 때 상대방에게서 정답을 들으려고 말하지 않는 것과 비슷하다. 그런 의미에서, 면접 질문을 받으면 대부분 스스로 정답을 만들어내면 된다. 논리적 근거를 들어 설명하면 그 자체가 답이 된다는 사실을 기억하자.

설사 정답이 있는 내용인데 답을 모르겠더라도 면접관의 눈을 피하지는 말자. 답을 잘 모르겠거나 답하기 어려운 질문이 나온다면 사실대로 말하면 그만이다. 2단계 면접은 꽤 가까운 거리에서 면접관과 학생이 마주하는 구조라 눈빛이 흔들리는 것마저 보일 정도다. 아이의 눈빛이 흔들리는 것을 보면 이 아이가 불안해하거나 긴장해서라고 여길 수 있지만, 아이가 눈을 피하는 행동을 하면 답변에 뭔가 문제가 있다고 오해를 살 수 있다. 답변에 확신이 없더라도 눈은 마주하자. 모르거나 확신이 없는 것은 잘못이 아니다.

아이 콘택트 역시 평소 연습을 해둬야 한다. 뭐든 해 버릇해야 쉬워진다. 우선 앞에 앉은 한 사람을 지그시 보면서 아이 콘택트에 익숙해지자. 그 부분이 어느 정도 익숙해지면 옆에 있는 사람을 차례로 바라보는 연습으로 나아가자. 면접관이 한 명이 아니기 때문이다.

마지막으로 보는 부분은 발음과 발성 같은 목소리다. 흔히 목소리는 타고난다고 여긴다. 하지만 면접 자리에서 적절한 목소리는 누구라도 조금만 연습하면 바꿀 수 있는 수준이다. 광장에 나가 웅변을 해야 할 만큼 큰 목소리가 필요하지 않기 때문이다. 목소리는 클수록 좋지만 적어도 앞에 있는 사람은 들을 수 있는 정도라야 한다. 그런데 생각보다 많은 아이가 면접을 처음 하면 앞에 있는 면접관을 잊어버린 듯 말을 한다. 자신이 할 말에만 집중해 상대에게는 들리지 않는 목소리로 계속 말을 이어간다. 목소리 문제가 아닌 경우도 많다. 처음에는 크게 말하다 어느 순간 웅얼웅얼하기도 한다. 이러면 큰 문제다. 아무리 훌륭한 내용이 담긴 답변이라도 들리지 않으면 무용지물이기 때문이다.

발성도 중요하지만 발음도 중요하다. 영어 발음은 어릴 때부터 꾸준히 신경 쓴 아이들이지만 한국어 발음은 신경 써본 적이 없는 아이가 대다수다. 그동안 한국어 발음으로 불편을 겪은 적이 없어서다. 하지만 면접에서는 정확하고 또렷하게 들리도록 발음에 신경을 써야 한다. 아이들이 가장 어려워하는 것이 음절 단위로 또박또박 발음하는 것이다. 대개 발음을 뭉개거나 서술어를 끝까지 마무리하지 않고 흘리듯 말한다. 면접관으로서는 답변을 대충 얼버무리는 것처럼 보여 성의가 없다고 여길 수 있다. 마지막 '다'까지 음절 단위로 또박또박 발음해야 한다. 그러자면 평소 말할 때보다 목, 혀, 입술 등에 힘을 주며 말해야 한다. 당연히 처음에는 어색하고 힘들 수 있다. 하지만 계속 연습하면 자연스러워진다.

## 순발력

면접에서 순발력이 필요한 이유는 간단하다. 어떤 질문이 나올지 예상할 수 없기 때문이다. 많은 학교에서 자소서나 생기부를 기초로 하여 질문을 만들지만, 그렇다고 모든 질문을 자소서와 생기부에서만 낼 수는 없다. 당연히 면접장에서 예상하지 못한 질문이 나올 수밖에 없다. 그럴 때 당황하지 않고 답할 수 있을 정도는 되어야 한다.

나는 모든 질문에 80점짜리 답변을 하다 특정 질문에 20점짜리 답변을 하는 아이보다 모든 질문에 50점짜리 답변을 한 아이가 낫다고 말한다. 후자에 후한 점수를 주는 이유는 뭘까? 특정 질문에 답을 너무 못하면 면접관들은 앞서 잘한 답변을 어디선가 연습해 본 답변이라고 여기기 때문이다. 학원에서 연습해 본 질문에는 답을 잘하지만 연습하지 못한 질문에 답을 잘 못한다면 그것이 아이의 본 모습에 가깝다고 여기는 것이다. 순발력이 필요한 이유다.

그렇다면 순발력은 어떻게 키울 수 있을까? 수업 시간에 면접을 볼 때 주의할 점을 이야기해 보면 거의 모든 아이가 구조적 말하기, 비언어적 표현, 순발력 중 순발력을 가장 키우기 어려운 항목으로 꼽는다. 하지만 현실은 그 반대다. 순발력은 가장 키우기 쉬운 항목이다. 말하기 상황, 즉 면접 상황에 자주 노출되고 말하기 연습을 꾸준히 한 만큼 느는 게 순발력이기 때문이다. 순발력은 타고난 영역 같아 보이지만 길러지는 영역이라는 말이다.

면접을 처음 준비하는 아이 중 "전 순발력이 뛰어나요!"라고 말하는 아이는 한 명도 없다. 하지만 면접 수업이 마무리되는 12월이 되면 정확히 연습한 만큼 순발력이 늘어 있다. 연습 정도와 순발력은 신기하리만큼 비례한다. 즉, 순발력은 면접 말하기에 꾸준히 자주 노출될수록 늘고, 간헐적으로 적게 노출될수록 준다.

예상 가능한 질문을 뽑아서 답변을 준비하고 연습하는 것과 더불어, 돌발 질문에 답하는 연습도 꾸준히 해야 한다. 자소서와 생기부에서 벗어난 질문도 나오므로 다양한 질문에 대비해야 한다. 면접관은 학생을 골탕 먹이거나 틀린 답변을 유도하려고 질문을 던지는 게 아니다. 그러니 어떤 질문이 나와도 당황하지만 않으면 좋은 답변을 할 수 있다.

면접의 중요 요소 세 가지를 살펴보았다. 우선순위를 가리기 힘들 정도로 중요한 요소들이라 꾸준히 연습해야 한다. 이제 실제로 면접 질문이 어떻게 나오고 해당 질문에 어떻게 대처해야 하는지 알아보자.

## || 실전 ||
# 면접 질문과 답변

면접 스타일이 확연히 다른 전사고 세 곳과 외고 한 곳의 질문 예시를 살펴보자. 학교별 질문의 특징을 파악하고 어떻게 답변을 내야 하는지도 함께 고민해 보자.

## 하나고 면접 질문 예시와 답변

하나고는 꼬리 질문이 많기로 유명하다. 학생이 어떤 질문에 답변하면 그 답변 내용을 바탕으로 질문을 이어가는 식이다. 평소 꼬리에 꼬리를 무는 질문에 익숙하지 않은 아이들은 이런 질문 방식이 공격적이라고 느끼기도 한다. 나는 아이들에게 면접관이 정말 궁금해서 묻는 것이므로 면접관의 반응에 너무 흔들리지 말라고 말하곤 한다. 아래 예시 질문을 보자.

> 1. 비침습적 방법이 무엇인가?
> 2. 토론 수업에서 무엇을 배웠는가?
>   1) 자소서에 쓴 내용도 강연에서 들어본 것인가?
>   2) 어려운 내용은 없었는가?
> 3. 자소서에 쓴 것 말고도 의학이나 생물학 공부를 더 한 것이 있는가?
> 4. 축제에서 동아리 일정이 왜 하루 전에 갑자기 취소되었고, 그것을 어떻게 바꾸었는지 자세히 말해보시오.

1) 학교 측의 반대는 없었는가? 그것을 어떻게 설득했는가?

2) 축제 때 다른 동아리도 일정이 취소되거나 바뀐 경우가 있는가?

5. 1학년 때 온라인 수업으로 인해 어려운 점이 없었는가?

1) 해결 방법을 친구에게 물어본 게 맞나?

6. 1학년 때 회장으로 학급 문제를 해결했다고 했는데, 구체적으로 어떤 문제였는가?

"2. 토론 수업에서 무엇을 배웠는가?"라는 질문 뒤에 "2) 어려운 내용은 없었는가?"라는 질문이 이어진다. 아이가 토론 수업에서 배운 내용을 말하니, 면접관은 이 답변을 듣고 생각보다 어려운 내용인데 어떻게 진행되었을지 궁금해서 자연스럽게 물어본 것이다. 4번 질문도 자소서에 쓴 에피소드의 과정을 물어본 후, 실제 이런 상황이 있었는지를 한 번 더 확인하기 위해 다른 동아리들은 어떻게 했느냐고 물어보는 식이다. 이처럼 하나고는 학생 답변의 진위를 파악하기 위해, 본 질문에 대한 답을 듣는 데서 끝내지 않고 연속적인 질문 혹은 관련 있다고 생각하는 질문을 한다. 따라서 하나고 입시를 준비하는 아이라면 하나의 소재를 가지고 다양한 생각으로 가지를 친 마인드맵을 그려보는 게 도움이 된다.

 2024학년도 하나고 면접 기출 영상

 2024학년도 하나고 면접 대비 영상

# 외대부고 면접 질문 예시와 답변

외대부고는 하나고와 같이 면접 시간은 15분이지만, 아래 예시처럼 본 질문은 3개만 나온다.

> 1. 고분자의 구조가 열에 반응하는 성질을 본인이 학습한 책과 강의를 기반으로 이야기하시오.
> 2. 유엔의 지속가능발전 목표 중 환경과 관련된 목표에는 무엇이 있는가? 이것을 달성하는 데 친환경 재료공학자가 어떤 일을 할 수 있는가?
> 3. 미분이 왜 재료공학에서 사용되는지 말하고 본인의 꿈을 이루는 데 수학적 역량이 왜 중요한지 말하시오.

간혹 아래 예시와 같이 추가 질문을 하는 면접관도 있는데 이는 학생의 답변에 따라 결정되는 것이 아니라 면접관의 스타일이다. 따로 추가 질문이 나오지 않는다면 세 가지 질문에 15분 동안 답해야 한다.

> 1. 종자 보존 문제를 해결하기 위해 우리나라에서 이루어지고 있는 노력과 종자개발연구원의 입장에서 이런 노력이 어떠한지 평가해 보시오.
> 2. 삼각함수를 공부한 것 이외에도 본인만의 특별한 공부법이 또 있는가?
>    1) 사막기후에서 종자를 개발하고 싶다고 했는데, 이것과 삼각함수 공부가 어떤 연관이 있는가?
>    2) 삼각함수를 공부하면서 정확히 어떤 점이 어려웠는가?

3. 소비자들이 GMO 식품을 잘 인지하지 못하고 있다고 했는데, 이를 해결하기 위해 국가적 차원과 개인적 차원에서 어떤 노력이 이루어져야 한다고 생각하는지 말하시오.

"답변을 짧게 해서 시간을 못 채우게 되면 어떻게 되나요?"라고 묻는 분이 많다. 답변이 짧다고 불합격하지는 않겠지만, 너무 짧으면 면접관에게 좋은 인상을 남기기 어려울 수 있다. 그렇다고 답변을 무조건 길게 하라는 말은 결코 아니다. 같은 말을 반복하거나, 쓸데없는 내용을 말하거나, 동문서답을 할 거라면 짧게 끝내는 게 낫다.

질문에 대해 정확한 답변을 하되, 본인이 알고 있는 지식을 다양하게 활용해서 논리적으로 말해야 한다. 답변은 질문당 3~4분 정도가 적당하다. 어려운 질문이 아니므로 정확한 답변과 더불어 구체적인 사례와 예시를 추가하면 다채롭게 답할 수 있다. 질문이 쉽다고 해서 답변도 간략하게 끝내면 안 된다. 질문이 단순할수록 질문에 내포된 뜻까지 파악하여 답할 수 있어야 한다.

2024학년도
외대부고 면접 기출 영상

# 상산고 면접 질문 예시와 답변

상산고 면접에서는 아래 예시와 같이 수학 문제 풀이 질문이 등장한다. 우선 제시문이 나오고 그 제시문을 분석하여 딸린 문제 3~4개를 푸는 식이다. 그러므로 제시문에 대한 올바른 이해가 선행되어야 하고, 그 이해를 바탕으로 수학 문제를 풀어야 한다.

(가) 율리우스력 1년 = 365.25일 4년에 한 번 윤년

(나) 그레고리력 1년 = 365.2425일 율리우스력 중 100으로 나누어떨어질 때는 평년, 400으로 나누어떨어지는 때는 윤년

<규칙 1> 한 옥타브 차이 나는 두 음의 진동수 비는 1:2이다.

<규칙 2> 반음이 7개 차이 나는 두 음의 진동수 비는 2:3이다. 한 옥타브의 반음은 12개 차이.

1. 그레고리력은 400년마다 몇 번의 윤년이 있는가?

2. 그레고리력에서 2020년은 윤년인가, 평년인가?

3. 1582년부터 2020년까지 율리우스력에서는 윤년인데 그레고리력에서는 평년인 횟수는?

4. 현재 1년은 365.24219일이다. 이때 그레고리력을 10만 년마다 (  )번 (윤년을 평년으로/평년을 윤년으로) 바꿔야 한다. (  )의 값은?

5. 1583년 1월 1일이 토요일이다. 상산고의 개교일인 1981년 1월 1일은 그레고리력으로 무슨 요일인가?

수학 문제는 1, 2번 문제를 풀어야 3, 4, 5번 문제를 풀 수 있다. 연속적인 느낌이 강하기 때문에 첫 문제에 대한 답이 틀리면 다음 문제의 답을 맞히기가 어렵다. 이런 면접이 진행되므로 자소서나 생기부에 기반한 면접 질문은 개수가 적다. 정답을 맞히는 게 가장 중요하지만, 설사 정답을 맞히지 못했더라도 면접관이 기회를 주면 다시 풀어보는 것도 중요하다.

상산고 면접은 문제를 맞히거나 틀렸다고 해서 합격과 불합격이 갈리지 않는다. 아이가 문제에 어떻게 접근하고 해결하는지를 보기 때문이다. 그래서 문제를 다 맞히고도 불합격하거나, 답이 틀렸는데도 합격하는 경우가 간혹 있다. 그렇다 해도 틀린 답의 개수만큼 합격 확률은 낮아지므로 그만큼 수·과학 실력이 뒷받침되어야 한다.

2024학년도
상산고 면접 기출 영상

## 명덕외고 면접 질문 예시와 답변

전사고 면접에서는 자소서에서도 특정 영역만 골라서 질문을 던지거나 아예 자소서에 없는 질문을 하기도 한다. 반면 외고·국제고 면접에는 다음 예시에서도 볼 수 있듯이 자소서 전 영역에서 질문이 골고루 나오는 편이다. 자소서 기반 면접이 핵심이라 면접을 더 쉽게 예측할 수 있고 그만큼 안정적으로 대비할 수 있다. 영역별로 골고루 질문이 나오므로 전 영역을 두루 한 번씩 훑는 기분으로 준비하면 좋다.

1. 난민 수용과 관련해서 우리나라 난민 수용 기준은 어떠하고, 다른 나라처럼 전쟁 난민을 받아들인다면 어떤 문제가 생기는가?
2. 난민 외에도 TED를 보고 공부한 다른 주제가 있는가?
3. 본인이 교양인이 필요하다고 했는데, 중학교 시절 그것을 어떻게 준비했는가?
4. 친구를 도와주면서 본인에게도 도움이 된 측면이 있다면 무엇이었나?

1. 『죄와 벌』과 같이 작가의 삶과 시대적 배경이 반영된 우리나라 문학을 소개해 보시오.
2. 자소서에 쓴 것 이외에도 일반적인 수학이나 영어 공부는 어떻게 하고 있는가?
3. 프랑스법 자문사가 우리나라에 왜 필요하다고 생각하는가?
4. 공연에 참여하지 않은 나머지 두 명의 친구에게 어떤 감정이 들었는가?

1. 국내 기업의 ESG 경영 방안을 말해보시오.
  1) 또 다른 국내 기업의 ESG 경영 방안을 말해보시오.
2. 넷플릭스와 환경과 관련된 작품을 제작하고 있다고 했는데, 어떤 내용이었는가?
3. 독창적인 콘텐츠를 만드는 데 필요한 역량 두 가지를 말해보시오.
4. 소통을 잘하는 데 필요한 자세 세 가지를 말해보시오.

외고는 대개 질문 4개를 6분 내외로 답하게 하므로, 질문당 1분~1분 30초를 쓰면 된다. 막상 답해보면 깔끔하게 답하기에 적당한 시간이다. 사실을 확인하는 질문을 하거나 생각을 묻기 때문에 시간을 들여 차분하게 준비하면 이변 없이 면접을 마칠 수 있다.

외고·국제고
면접 기출 영상

## 인재상이 곧 면접의 답

면접 유형을 보면 각 학교의 인재상이 그대로 투영되는 경우가 많다. 하나고 면접은 다른 학교에 비해 꽤 공격적인 편인데 그만큼 주도성이 강하고 활동성이 강한 인재를 원하기 때문이다. 외대부고는 한 질문에 3분 이상 이야기할 수 있을 정도로 학자적 면모를 갖춘 학생을 원한다. 상산고는 정시와 의대 중심의 학교인 만큼 수·과학적 지식이 어느 정도 있는 학생을 원한다. 외고는 전 과목을 고루 잘할 수 있는 제너럴리스트를 원하는 측면이 강하다 보니 면접에서도 영역별로 고르게 질문을 낸다. 이처럼 면접 유형을 보면 학교가 원하는 인재상을 어느 정도 유추할 수 있다.

**맺음말**

유튜브를 시작할 때와 마찬가지로 집필을 시작할 때도 목표는 한 가지였다. "교육 특구에 사는 아이들뿐 아니라 대한민국 어디에 있는 아이라도 모두 공평하게 입시 정보를 아는 것." 거창하고 무모해 보이지만, 지금도 나는 그 목표를 향해 달려가고 있다. 목동에서 일하며 많은 학생의 사랑을 받고 있지만 가슴 속 깊은 곳에서는 미묘한 죄책감이 있었다. "이런 정보를 우리 아이들만 아는 것이 맞을까? 이 친구들은 목동에 살고 있어서 누구보다 빨리, 먼저 누릴 수 있는 정보인데, 이 정보를 다른 지역 아이들이 계속 모르는 상태에서 경쟁을 치른다면 이건 공정한 경쟁일 수 있을까?"라는 생각 때문이었다.

그렇게 유튜브를 시작했고, 이렇게 책까지 쓰게 되었다. 책을 쓰는 동안 유튜브 방송을 할 때와는 또 다른 감정과 기쁨을 느낄 수 있었다. 유튜브에서는 시간 제약이 많아 말을 짧게 정리해야 하는데, 책은 긴 호흡과 분량으로 하고 싶은 말을 맘껏 할 수 있어서다. 평소 내가 수업하거나 상담하면서 알려드린 모든 정보를 다 담을 수 있을 정도로 자유로웠다. 내가 아는 모든 정보와 지식을 그야말로 남

김없이 쏟아낸 첫 책이다. 부디 이 책이 처음 목표한 대로 입시 정보가 없어서 막막한 누군가에게 길라잡이가 되어줄 수 있다면 한없이 벅찰 듯하다.

마지막으로 못난 선생님이 책이라는 매체에까지 진출할 수 있도록 도와준 제자들과 나를 믿고 소중한 아이를 맡겨주신 학부모님에게도 감사하다는 말을 전한다.